U0182958

走向平衡系列丛书

城市空间经营

——城市设计研究与实践

黎冰　王雷　主编

ZHEJIANG UNIVERSITY PRESS
浙江大学出版社
·杭州·

图书在版编目（CIP）数据

城市空间经营：城市设计研究与实践 / 黎冰，王雷主编. —杭州：浙江大学出版社，2023.9
ISBN 978-7-308-24241-7

Ⅰ. ①城… Ⅱ. ①黎… ②王… Ⅲ. ①城市规划—建筑设计 Ⅳ. ①TU984

中国国家版本馆CIP数据核字(2023)第182685号

城市空间经营——城市设计研究与实践
黎冰　王雷　主编

责任编辑　金佩雯
责任校对　陈　宇
封面设计　林智广告
出版发行　浙江大学出版社
（杭州市天目山路148号　邮政编码　310007）
（网址：http://www.zjupress.com）
排　　版　杭州林智广告有限公司
印　　刷　浙江海虹彩色印务有限公司
开　　本　787mm×1092mm　1/16
印　　张　15
字　　数　206千
版 印 次　2023年9月第1版　2023年9月第1次印刷
书　　号　ISBN 978-7-308-24241-7
定　　价　168.00元

序
FOREWORD

城市设计早已不是一个单纯的空间形象问题，而是一个复杂的多维度问题，它介于城市规划的蓝图描绘与建筑建造的实体演绎之间，是兼容理性又追求美学理想的一项工作。城市设计直接关系到城市规划的空间落地效果，对城市形象塑造与城市面貌呈现均起到举足轻重的作用，城市设计工作者任重而道远。

应该站在怎样的高度审视城市发展，以怎样的视角看待城市现象，又通过怎样的方法解决城市设计问题？其实每个城市设计工作者都曾努力思考和试图寻找路路通达的方法，本书亦是一种尝试。

作者从城市设计的发源娓娓道来，一方面通过分析不同社会历史发展阶段的城市设计工作意义与要求，引发读者对我国当前城市设计作用与任务的思考；另一方面在城市设计工作中引入一个看待问题、解决问题的新视角，即“城市空间经营”，对城市设计理念与工作方法进行探讨。同时，对浙江大学建筑设计研究院积累多年的一线城市设计案例进行系统性梳理，进而佐证城市空间经营视角理论研究。通过对每个案例的设计策略与具体设计方法进行详细分解和展示，形成一套逻辑清晰、结构体系完整、表述到位的城市设计方法。

作者对经营理论的引入让人欣慰：既不是另起炉灶去渲染一个新概念，也不是生搬硬套地强行学科交叉，而是通过“经营”将一些既有的城市设计工作原则与方法提炼并有序组织起来，通过“经营”的主旨将林林总总的原则与方法、要素与对象综合构建出一个基本体系，通过“经营”的评价目标和运行逻辑，引导并实现城市设计的经济理性与过程控制。从一线城市设计工作中得来的体验及由此归纳的工作经验，更能引起城市设计工作者的共鸣。

最后，我坚信，在未来的日子里，浙江大学建筑设计研究院将持续涌现出更多来自实践一线的城市设计经验总结和理论升华。让我们共同坚守对专业工作的这份热情与责任，静待花开。

华晨

前言
PREFACE

近些年，随着国家城市建设的快速推进，浙江大学建筑设计研究院承接并完成了大量城市设计项目，从新城开发、旧有城区更新改造，到历史街区保护、各式类型研究，以及城市设计导则的起草。很多累积的工作成果需要回顾和整理，设计策略与技术手段需要归纳和集成，以提升和促进设计思想与技能的成熟。这一系列对城市设计工作实践的总结与思考，促成了本书的编写。

回顾国内外城市设计领域的发展历程，我们发现，随着社会进步与技术革新，不同时代的城市设计具有不同的思想理念与工作重点。面对我国当前国土空间规划体系制度的全面变革，为了重新审视我国特有的城市发展背景与社会需求，本书引入了一个新的设计视角——从城市空间经营视角出发，探讨城市设计理念与工作方法。

“经营”一词虽然来源于经济学和管理学领域，但是被广泛应用于多学科和多领域，其中也包括城市发展与建设领域。本书中城市空间经营主要体现“经营”理念的两大主题。一是筹划与管理，体现一种经济理性介入城市设计，深入理解并把握城市运行规律。这不仅是对经济效益和空间效率的考量，更是一种关注整体和长远利益的态度。二是计划与组织，强调全过程的管理与控制。这是指鼓励项目策划－规划设计－建设咨询－运营管理－后评价的全流程参与，保证城市设计项目实施的稳健性和可持续性，优化城市设计最终呈现的空间效果和开发效率；并且从筹划营造，规划营治，周旋、往来，艺术构思，以及经办管理五个方面，体现经营理念在城市设计工作中全方位的贯彻实施。

本书挑选和汇集了浙江大学建筑设计研究院近年的城市设计优秀实践案例，通过分门归类、择取重点，展示了如何在城市空间的设计营造中对经营的理念、运营的思维、管理的诉求进行融合与平衡，形成多维视角的城市设计观，同时也显现出平衡建筑理念在更广域的作用与意义拓展。我们坚信，在未来的日子里，专业领域将继续涌现出更多的创意与思想火花，期待与业界共勉。

感谢浙江大学平衡建筑研究中心资助。谨以此书献给浙江大学建筑设计研究院建院 70 周年！

目 录
CONTENTS

1 城市设计工作面临前所未有的挑战 1

1.1 城市设计的作用与目的变迁 1
1.1.1 城市设计源于对三维空间的组织需求 1
1.1.2 当代的城市设计已突破物质空间维度 3
1.1.3 可预见的趋势与新的挑战 4
1.1.4 设计师的职业精神 7
1.2 城市设计的本土化与价值依托 9
1.2.1 国家繁荣、民族复兴的需要 10
1.2.2 城市与社会发展的诉求 11
1.2.3 城市设计被赋予重要的管控意义 12
1.3 实践工作中的客观现实与诉求 14
1.3.1 理想与现实的错位 14
1.3.2 国土空间规划体系对城市设计工作提出新的定位与要求 15
1.3.3 实践中的需求层次 17
1.4 城市设计仍然是研究建筑与城市之间关系的学科 18
1.4.1 城市设计范畴与目标的提升 18
1.4.2 复杂性与复合性的难题 19
1.5 “城市空间经营”是把解决难题的钥匙 20
1.5.1 “经营”理念介入城市设计的意义 20
1.5.2 “经营”理念是一种有效的城市设计思维 21
1.5.3 “经营”理念有助于“可持续发展”目标的实现 24
参考文献 27

2 城市空间经营——“经营理念”的城市设计应用 29

2.1 “经营”解读 29
2.1.1 汉语词典释义 29
2.1.2 引证释义 30
2.1.3 “经营”具有全局性和长远性的特点 30
2.1.4 “经营”强调过程性和不断调适的能力 30
2.1.5 经营与管理的区别 31
2.2 相关概念辨析 31
2.2.1 城市经营（城市运营） 31
2.2.2 空间营造 32
2.2.3 城市经营与空间营造间亟须有效链接 32
2.2.4 空间经营与空间运营 34
2.3 “经营”理念落位城市设计工作 34
2.3.1 筹划营造 34
2.3.2 规划营治 35
2.3.3 周旋往来 36
2.3.4 艺术构思 37
2.3.5 经办管理 38
2.4 “城市空间经营”是一种设计思维 39
2.4.1 秉持“盘家底”的自觉 39
2.4.2 坚持效益原则，打破经济效益壁垒 41
2.4.3 激发城市空间活力 43
2.5 “城市空间经营”的要素与内容 44
2.6 发挥经营性思维在设计中的作用 45
2.7 经营策略在不同层级城市设计中的表达 46
2.7.1 城市战略和总体规划层级 46
2.7.2 具体地块与详细规划层级 47
2.7.3 城市管理与实施层级 47
参考文献 49

3 城市设计实践中的“城市空间经营”策略 51

3.1 城市设计在空间规划引导中的经营之道 51

3.1.1 交通要素促动城市空间格局演变 51

高铁枢纽启动城市新区发展
淮安生态新城高铁新区核心区城市设计 53

高铁站——城市的门户
萍乡北站片区城市设计 61

国道串联起五朵金花
温岭城南 G228 国道沿线区块城市设计 67

城市发展大动脉的空间形象塑造
义乌市国贸大道两侧城市设计 75

引领新区发展的干道周边城市设计
新疆阿克苏纺织大道城市设计 85

3.1.2 高密度、聚合性的城市空间开发与利用
——城市核心区与TOD 93

交互枢纽、智汇V谷、未来生活
杭州未来科技城西湖大学站TOD城市设计 95

国际社区、地球村
杭州民生药厂地块城市设计 103

3.1.3 产业运行逻辑主导科技园型城市空间生成 113

数字经济背景下的产业园营造
临空云谷（钱塘数智小镇）概念设计 115

发展环境与产业需求导向下的空间经营
杭州湾上虞经济技术开发区高端智造集聚区城市设计 123

产业模式推导与空间规模测算
舟山市甬东区块概念规划及核心区城市设计 131

3.2 新城镇化背景下的城市空间经营 137

产业发展导向的城市空间拓展
海宁许村新城总体城市设计 139

城市新空间与新产业的兴起
萧山机器人小镇规划与城市设计 149

3.3 可持续发展与城市空间的经营路径 155

3.3.1 生态型空间资源的经营路径 155

地形地貌的因势利导
遵义市碧云峰生态健康城城市设计 157

雨生百谷，万物至繁
芜湖市扁担河沿线地块概念性规划及城市设计 165

背山面海的生态花园
舟山市甬东区块概念规划及核心区城市设计 173

山水立体城、未来城市心
开化金丰地块城市设计 181

绍兴未来山水城市客厅
绍兴梅山及以东片区城市设计 191

3.3.2 人文历史与地域性特色的经营路径 199

历史要素的解读与发展
上栗南北街片区旧城更新项目 201

生态与人文资源共建
滨州蒲湖风景区（蒲湖文化创意产业园、孙子文化园）概念规划 207

4 正面未来趋势与技术革新 215

4.1 信息社会催生新型的城市空间定义 216

4.2 大数据的支持与利用 217

4.2.1 突破传统数据的局限 217

4.2.2 数字化的主要运用领域与运用方式 218

4.2.3 数字化带来城市设计思维的提升 219

4.3 重新赋意的场所精神与美学体验 220

4.3.1 设计仍然需要关注人的情感需求 221

4.3.2 数字化影响新时代的美学观念 221

参考文献 223

结 语 225

1 城市设计工作面临前所未有的挑战

1.1 城市设计的作用与目的变迁

1.1.1 城市设计源于对三维空间的组织需求

传统城市设计（通常意指“工业革命”之前的城市设计）脱胎于建筑学，关注点较为纯粹地集中于城市的空间和有形实体，讲究形式的美学特征与视觉效果。例如：古希腊雅典卫城开创了人本主义和自然主义的布局手法；古罗马的城市、中国的都城刻意以轴线和秩序来组织城市空间；中世纪则以空间的和谐统一展现潜在的高度有序化的社会秩序；文艺复兴及绝对君权时期，更是意图通过古典风格和构图严谨的广场与街道、精美的建筑与景观节点，塑造新的城市空间格局。“自古以来，无论经过规划的或自发生长的城市，其形体环境都经过自觉或不自觉的设计经营。传统的城市设计与城市规划并无明确界限，主要设计依据是城市的基本功能、自然条件、宗教意识、等级观念等。”[1]

威尼斯圣马可广场（自摄）

其后，在以工业革命为契机的现代科学飞跃式发展的背景下，城市规划作为学科独立出来，城市设计也脱胎于西方城市美化运动，开始逐步承担起主导城市建设的重要角色。这一时期，最重要的城市设计实践是 19 世纪末在奥斯曼（George Eugène Haussmann，1809—1891）主持下的巴黎改建，这一改建实现了行政意志主导下大刀阔斧式的城市格局的图形化完善以及实体建筑的风貌统一。不难看出，此时城市规划作为独立学科，开始关注城市资源的功能性配置和城市土地的利用效率，城市设计仍然沿袭传统的建筑学手法，实现行政意志下的城市空间形象塑造。

20 世纪 30 年代，芬兰著名建筑师埃利尔·沙里宁（Eliel Saarinen，1873—1950）提出将城市设计归结为三维的空间组织艺术，与二维的城镇凯文·林奇，美国杰出的人本主义城市规划理论家。代表作《城市意象》（*The Image of the City*）发表于1960年。城市意象理论根据易于观察者了解城市的原则，界定了城市形态的概念。该理论认为，城市形态主要表现在以下五个城市形体环境要素及其相互关系上：道路、边界、区域、节点、标志物。

洛克菲勒中心，坐落于美国纽约州纽约市第五大道的一个由数个摩天大楼组成的城中城，由21栋办公楼、剧场、地下商场及连通的地下步行街组成。通过巧妙的总体布局，有效地实现了城市空间与建筑的互动，展现出非凡的活力和空间效率。

1987年，洛克菲勒中心被美国政府认定为国家历史地标，号称是20世纪最伟大的都市计划之一。

洛克菲勒中心的下沉广场（自摄）

平面规划加以区分，城市设计才开始独立作为工作理念进入设计实践。

沙里宁在《论城市》（*The City: Its Growth, Its Decay, Its Future*）一书中对城市设计是这样描述的："城市设计是三维空间，而城市规划是二维空间，两者都是为居民创造一个良好的有秩序的生活环境。"[2]

同一时期，不同领域的设计师也都开始关注城市设计独立存在的意义并做出不同的理解。英国城市设计家吉伯特（Frederick Gibberd，1908—1984）在《市镇设计》（*Town Design*）一书中指出："城市由街道、交通和公共工程等设施，以及劳动、居住、游憩和集会等活动系统组成，把这些内容按功能和美学原则组织在一起就是城市设计的本质。"[3]日本著名建筑师丹下健三（1913—2005）对城市设计给出了定义："城市设计是对人类空间秩序的一种创造。"美国城市设计师凯文·林奇（Kevin Lynch，1918—1984）则认为"城市设计是专门研究城市环境的可能形式"。

这一时期，与城市设计理论发展的繁盛相呼应，城市设计实践活动也开展得如火如荼。最经典的设计案例——洛克菲勒中心（Rockefeller Center），被纽约城市设计工作小组认定为纽约城市设计的标准。洛克菲勒中心最著名的城市空间设计是主体建筑通用电气大楼（RCA大厦）前面积不超过2000平方米的下沉广场。广场下沉约4米，与中心其他建筑的地下空间相连，既成为城市建筑群的向心性内核，又在喧闹的城市中心区创造了一个舒适的公共活动空间，实现了城市与建筑、环境空间的互动。

随着时代变迁与城市建设需求的更迭，现代科学技术的进步推动了城市规划学科领域的发展，也促成了城市设计学的独立。1973年，城市设计学被美国建筑师协会正式承认为一个新的学科，标志着学科的独立。

1956年，哈佛大学设计研究生院发起首届城市设计会议。该会议的召开标志着"城市设计"（urban design）一词正式进入设计领域。时任哈佛大学设计研究生院院长的约瑟夫·路易斯·塞特（Josep Lluís Sert）指出：其时的"城市美化运动""只注重装饰效果而忽略了问题的根源"；当时的城市规划过于偏重所谓的科学化手段，而忽略了城市艺术化的一面。在这次会议上，参会者对城市设计的界定达成基本共识：城市设计应成为联系建筑、景观、城市规划的媒介，以整合各学科之间的交集，并填补其中的空缺[4]。

可见，现代城市设计关注城市三维空间的形态组织，继而设计视角从单一的“建筑问题”延伸到建筑、建筑群及其周边环境与城市之间的关系，通过“场所营造”促进城市多维度空间的整合。城市设计的目标就是实现城市空间质量的提升，以及建筑、环境的美化与营造。作为城市设计理论的先驱人物，凯文·林奇在《城市意象》（*The Image of the City*）中定义了城市设计五要素[5]，它们已成为城市设计工作中始终坚持的城市认知地图方法。

然而，未几多时，科学技术进步带来物质财富的极大充裕的同时，一些社会问题也凸显出来，西方学者开始分别从不同的角度，特别是人文、社会和生态的角度，对人类文明单纯依赖科学技术进步发起批判和反思。这时，简·雅各布斯（Jane Jacobs，1916—2006）亦在城市规划和建设领域发出批判的声音，《美国大城市的死与生》（*The Death and Life of Great American Cities*）的出版，标志着城市规划与城市设计领域的发展迈入新的阶段：开始反思过去的机械教条[6]。

简·雅各布斯，美国记者、社会活动家、著名城市规划学者。自1952年起，在建筑类期刊《建筑论坛》（*Architecture Forum*）担任专栏作家。1958—1961年，在洛克菲勒基金会的资助下，完成研究著作《美国大城市的死与生》。此书颠覆了整整一代美国规划师的固有思维，并引发了一场城市问题大讨论。

她反对建造大规模的高层建筑群，也抵制高速公路的兴建，而是重视城市社区构建；以一种整体性社会系统及过程性的视角出发，阐述了城市相关的运行机制，提出了相应对症治疗的可能方法。她被认为是新城市主义的代表人物之一。

1.1.2 当代的城市设计已突破物质空间维度

不可否认，城市设计出现伊始，便是讨论和解决建筑与城市的关系问题，是关系城市形体环境质量的学科。然而随着城市问题的日益复杂化和多元化、城市巨系统的逐渐庞杂、关联性的深刻与互扰、物质系统和非物质系统之间的日益紧密与互促，城市设计的关注领域再也不能局限于单纯的物质空间形态范畴，而有必要拓展到城市的经济、政治、社会和文化等全方位的关联领域。城市设计领域的种种进步与挑战也促使更多的城市学家和设计师投入相关的研究思考与设计实践中。

1974年，乔纳森·巴奈特（Jonathan Barnett，1937—）在其著作《作为公共政策的城市设计——改良城市的实践性方法》（*Urban Design as Public Policy: Practical Methods for Improving Cities*）中对纽约城市设计实践的经验与教训进行了详细阐述，并据此提出了一种参与城市发展与演变进程的渐进式城市设计方法论[7]。他指出，城市设计的内涵在于“设计城市而非

乔纳森·巴奈特，纽约市总城市设计师，宾夕法尼亚大学城市设计项目前主任，城市与区域规划方向专家。他既是建筑师，又是规划师，也是教育家，美国多所城市的城市设计咨询顾问。著作有《作为公共政策的城市设计——改良城市的实践性方法》、《都市设计概论》（*Introduction to Urban Design*）、《难以捉摸的城市》（*The Elusive City: Five Centuries of Design, Ambition, and Miscalculation*）等。

建筑物，是作为公共政策的连续决策过程”，“城市设计本身不仅是形体空间设计，而且是一个城市塑造的过程，是一连串每天都在进行的决策制定过程的产物”[8]。

丹下健三于 1975 年提出“城市设计是当建筑进一步城市化、城市空间更加丰富多样化时对人类新的空间秩序的一种创造”。

戴维·戈斯林（David Gosling，1934—2002）则在《都市设计概念》（*Concepts of Urban Design*）一书中阐述其观点：“城市设计应是一种解决经济、政治、社会和物质形式问题的手段。”[9]

戴维·戈斯林，美国建筑师与理论家，谢菲尔德大学建筑研究系主任，苏格兰尔湾新城镇的总建筑师，后来成为美国辛辛那提大学的俄亥俄州城市设计著名学者。著作有《戈登·卡伦：城市设计展望》（*Gordon Cullen: Visions of Urban Design*）；与巴里·梅特兰合著《城市设计概念》；与玛丽亚·克里斯蒂娜·戈斯林合著《美国城市设计》（*The Evolution of American Urban Design*）等。

这种认知标志着现代城市设计已不仅仅满足于城市物理形体空间的终极形象展示，而是贯穿于城市空间从总体到局部、从概念到详细、从现在到未来的全局性发展和建设历程，涉及场所营造、社区安全、城市形象、行为心理、社会文化、生态持续等诸多问题的综合性系统。

这里，借用我国高等学校专业教材的定义作为总结：城市设计，是根据城市发展的总体目标，融合社会、经济、文化、心理等主要元素，对空间要素做出形态的安排，制定出指导空间形态设计的政策性安排。

1.1.3 可预见的趋势与新的挑战

回顾历史，城市设计的发展历程短短不到百年，但其内在的思想基础、价值标准、研究对象及技术手段、成果内容却紧随时代变迁和社会需求演变，经历着不断革新和理念迭代。未来的城市，将比以往任何时候面临更多的挑战和变化，这对城市设计工作亦提出了更高的要求。

经济全球化使得城市的经济繁荣更加依赖于流动性。麦肯锡的数据显示：全球（商品、服务、资产和人员）流动每年为全球国内生产总值（gross domestic product，GDP）贡献 2500 亿~4500 亿美元，即占全球总产出的 15%~25%，而发达经济体由于联系更紧密，其 GDP 收益比发展中国家高出 40%。同时，更广泛密切的联系也威胁到地域文脉的保持，文化趋同现象成为未来城市发展的客观现实[10]。

数字化带来的知识爆炸和知识密集型产业的膨胀，正在引发生活模式的变革和经济运行方式的转变。城市是信息、人口和经济高密度聚集的空间节点，也是数字化改变人类世界格局的集中呈现。由数字化带动的产业革命将引起城市功能组织和运行模式的颠覆，亦带来人类居住和行为习惯的演替，认知和交流模式的变迁，甚至影响情感依托与需求体验。城市空间作为一切有形与无形要素的载体，其组织方式、发展模式及底层逻辑所面临的变革也是空前绝后的。

全球化并不仅仅是世界经济的一体化，全球化所包含的内容显然要丰富得多，也深刻得多。……人的社会化过程全球化，意味着形成了一种“地球文化”。人的社会化过程总是在某种文化环境中完成的，今天，人们赖以成长的文化环境已经超出了民族和国家的界限。……每个国家、每个民族的文化依然在相当的程度上保持了它们的特性，但它们又进行了部分的融合，成为地球文化的一部分。

——谭君久. 关于全球化的思考与讨论 [J]. 马克思主义与现实，1998(5): 32-35.

在人类社会快速发展的同时，气候变迁与生态环境压力问题凸显。随着人类行为对地球的地质和生态系统的干扰和破坏程度加剧，规模最庞大、最集中的人工构筑物——城市，其运作发展的良性循环对生态环境保护与可持续发展更具有决定性意义。然而，人口规模的增长对自然环境逐步侵蚀，城市作为人工环境的主体代表，相对于自然环境却更为脆弱。

其中，不仅有长期的资源压力——例如矛盾极其突出的城市供水压力（到 2030 年，印度、中国、非洲和美洲的几个城市的供水需求将大大超过供水量）及能源短缺和化石能源污染（到 2025 年，由于预计需求增加以及电力供应不足，发展中国家的许多城市可能遭受能源供应不足的困扰）；也有突发的环境威胁——例如各大洲沿海地区最容易暴露于洪水和飓风的风险，而内陆地区往往受到飓风和沙漠化的侵袭，气候变暖与臭氧层的破坏更是对生态系统及人类引起各种破坏性打击[10]；更有社会压力——由于治理不善、城市化进程过快、财富分配不均和失业率增长，我国尤其面临人口增长乏力、年轻劳动力数量下降的问题，这将导致人才竞争加剧。城市不仅需要构建优势产业格局和配套设施，还需要创造充满活力的宜居环境，吸引高素质的人才。

可见，颠覆性的技术革新，新的经济运作模式，以及严峻的生态、文化和社会环境的压力，使得人类最为重要的聚居场所——城市的设计、建设和管理工作同样面临全面革新和技术突破的需求。城市设计工作者亦需要与时俱进，看到城市正面临的问题和变化，及时调整和提升设计工作思路与方法，思考并推动更为有效、合理的技术策略的生成。

当然，国内外的有识之士与业界研究人员，早已认识到我们所面临的种

《城市营造——21世纪城市设计的九项原则》一书将当前以及未来一定时期的城市设计工作归纳为可持续性、可达性、多样性、开放空间、兼容性、激励政策、适应性、开发强度、识别性共九项城市设计的指导原则，并强调未来设计工作的三个要点——尺度、开发强度和适应性。其中每个原则都列举了很多案例，特别是有SOM在上海的几个实践项目。

种危机和责任，城市设计领域的学者和设计师已经提出了大量具有时代精神和借鉴意义的工作策略与理论方法。

例如，美国SOM建筑设计事务所的合伙人约翰·伦德·寇耿（John Lund Kriken）、菲利普·恩奎斯特（Philip Enquist）和另一位作者理查德·若帕波特（Richard Rapaport）合著的《城市营造——21世纪城市设计的九项原则》（*City Building: Nine Planning Principles for the Twenty-First Century*）对新时代的城市设计提出了全新解读："既然城市生活不可避免，那么顺理成章地，我们就要找出最宜居的实现方法。这意味着需要创建一种健康、清洁、高能效、令人振奋、碳足迹最低化的城市环境，并致力于寻求平衡自然与人类生态的日常工作和居家生活方式。世界亟待一种新的愿景和更多选择，去创建能够与郊区吸引力匹敌、令人心驰神往且具有高开发强度的城市社区。"[11]

美国哈佛大学的亚历克斯·克里格（Alex Krieger）教授通过总结城市设计的作用圈层，指出城市设计是城市有机发展的保证，涉及土地保护、水资源管理及城市基础设施布局等系统问题[12]。阿里·迈达尼普尔（Ali Madanipour）在《城市设计、空间与社会》（*Urban Design, Space and Society*）一书中用"urbanism"（城市化）来描述和扩展城市设计的定义与内涵，以连接型、再生型、包容型、生态型和社会空间型等多种类型解读城市的复杂性与多样性[13]。

将绿色城市设计的概念和原理运用于当今城市建设具有极其重要的战略意义和普遍的应用价值。它一方面契合了"可持续发展"的全球共识，是城市设计领域自身的拓延和发展；另一方面也为解决未来城镇建筑环境建设的问题提供了一个独特视角。与绿色建筑一样，它是当代城市设计工作者面对跨世纪的城镇可持续发展的一种理性思索和应答，同时也是一个需要付诸心血和艰苦探索的新领域。

——王建国. 生态原则与绿色城市设计 [J]. 建筑学报, 1997(7): 8-12, 66-67.

王建国院士则提出现代城市设计发展的三个阶段：以视觉有序为基础的三度形体空间环境设计；技术和经济理性准则下的机器美学型城市设计；运用城市生态学和景观建筑学营造"人工环境与自然环境和谐共存的、面向可持续发展的未来的理想城镇建筑环境"[14]。

这一系列对未来城市设计工作的理论总结与指引，启发了本书最初的写作动机。我们希望通过对城市设计一线工作的总结与思考，重新审视在我国当前特有的城市发展背景和发展需求下，兼具效率和发展观的城市设计理念与方法。

1.1.4 设计师的职业精神

从以上城市设计的演变和未来发展的预期可以看出，城市设计工作若仅仅考虑空间美学意义已远远不足以跟上时代发展的步伐。在城市这样一个要素密集的复杂人工环境中，物质空间形态往往是城市的非物质内涵（包括社会、历史、文化、经济以及情感归属等）的客观表象。要设计一个被感知、被认同、被依恋和被期待的城市，需要揭开城市的物质表象，探寻其本源内核，如此，才能得到一个更贴切、更合理、更具特色的设计成果[15]。

这就需要设计师投入更多的热情和努力，突破外显的物质空间形式与图面秩序，深入理解和分析城市问题及其底层逻辑；需要设计师坚守社会责任和职业道德，在平衡和协调多方利益关系的同时，坚持正确的价值观和城市发展观；需要设计师树立正确清晰的建设目标，以目标为导向，选择合理恰当的工作方法和模式，以顺利达成建设预期：这些都涉及设计思维的角度与出发点。

回顾人类建筑史与城市发展史，不难发现，当时的优秀设计师与精彩的设计作品，往往呈现出独立的视角和独特的分析解读方法。不论是城市规划与城市设计领域还是建筑相关领域，只有秉持独立思想、把握时代趋势、认真看待并立志解决城市问题的设计师，才能够拥有深刻的设计思维，指导并创作出具有时代意义与独特价值的设计作品。

现代主义建筑大师瓦尔特·格罗皮乌斯（Walter Gropius，1883—1969）提倡建筑设计与工艺的统一、艺术与技术的结合，讲究功能、技术和经济效益，主张建筑走工业化道路，开创了与科技革命和工业技术相契合的现代主义建筑的新时代。密斯·凡德罗（Ludwig Mies van der Rohe，1886—1969）则是将工业技术和材料运用到极致，开创了现代建筑的新型审美。勒·柯布西耶（Le Corbusier，1887—1965）的现代城市设想更是通过设计实践，以及建筑、规划思想和理论表达了设计师对新时代、新城市、新生活的设想和主张；“明日之城”的城市形态表达，成为现代主义第一个完整呈现的城市规划与设计观念展示，蜚声世界的马赛公寓作为这一观念付诸实践的建筑实验品而成为一代经典。林林总总，现代建筑史中设计师思想的迸发与作品的激情四溢不胜枚举。

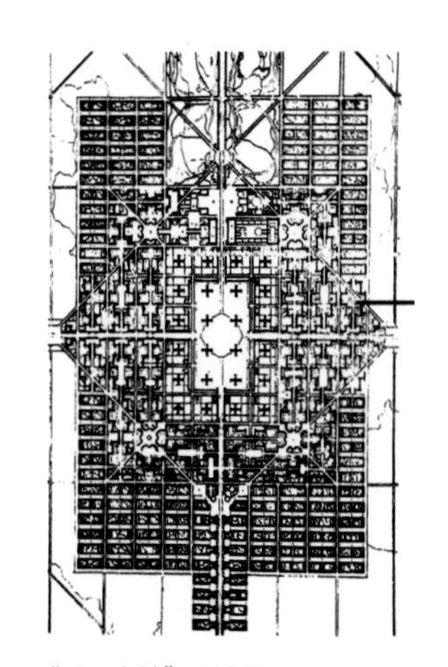

“明日之城”设计图

——柯布西耶. 明日之城市[M]. 李浩, 译. 北京：中国建筑工业出版社, 2009.

当代，记者出身而获普利策奖的建筑师雷姆·库哈斯（Rem Koolhaas，1944—）亦是典型。他的城市观独具思想，以城市的视角看待建筑与空间问题是其成功的关键。库哈斯关注社会形态的变化、新时代生活方式的变迁、城市发展的主导力量，以及建筑对社会问题的解读与回应，甚至试图理解网络对社会和城市发展的影响。正如库哈斯的设计作品所呈现的那样，他的设计观突破传统，得益于曾经的记者职业背景，表现了独特的社会学视角，也成就了他独有的设计特色。

当前这个时代，是社会发生巨变的时代，人类生产、生活以及思维方式正在经历空前绝后的变革。如何认知世界，预判世界和城市发展的趋势与需求，如何学习和运用新的技术与科学方法，都不可能简单地局限于图面控制与表达，而是依赖于设计师潜藏在图纸表象下的社会责任心与历史使命感。因此，做更具实践意义和社会价值的城市设计，要求设计师除了具备相应的专业能力和职业素养之外，还应考虑下列因素。

前瞻性思维——设计师要具备时代观，及时学习和跟进技术进步与思想变革，提出具有建设性意义的设计。

社会性关注——具备公众参与的理念和实践组织能力。设计师的角色要从被动地提供技术服务和服从政府意志，转向主动地参与决策，承担起倡导者、组织者、说服者、寻访者和文字工作者的角色[4]。

数十年，也许近百年来，我们建筑学遭遇到了极其强大的竞争……我们在真实世界中难以想象的社区正在虚拟空间中蓬勃发展。我们试图在大地上维持的区域和界限正在以无从觉察的方式合并、转型，进入一个更直接、更迷人和更灵活的领域——电子领域。

——雷姆·库哈斯 2000 年在接受普利策建筑奖时的发言

经济的考量——有意识地寻求提升城市运行效率与激励政策的城市设计方法。既要具备项目循环运作的设计能力，又要有长远和整体的城市发展观。

文化的引导——坚持人本主义的设计理念与地域文脉的传承精神。致力于创造高品质的生活空间，提升城市品位；落实特色风貌的塑造与城市形象的打造。

生态的自觉——自觉保护生态学条件和生物多样性，在城市地区主动修复生态环境，保护生态敏感区，减少人工建设对自然生态环境的压力，通过城市设计方法提升人工环境的自洽与舒适度[14]。

1.2 城市设计的本土化与价值依托

要加强城市设计，提倡城市修补，加强控制性详细规划的公开性和强制性。要加强对城市的空间立体性、平面协调性、风貌整体性、文脉延续性等方面的规划和管控，留住城市特有的地域环境、文化特色、建筑风格等“基因”。

——2015 年中央城市工作会议公报

我国近 40 年的城市设计发展历程，依次经历了概念引入、理论争论、理论本土化和实践运用，不断与本国国情调适融合，才逐步形成和建立起中国特色的城市设计体系。

20 世纪 80 年代，城市设计的概念与理论被引入中国之时，正是我国城市和社会发展从单纯重视经济建设转向寻求全面的、高质量发展的开始。最初的城市设计多作为控制性详细规划的指标和管控工具，既缺少重视，又缺失法定效力，往往沦为“画上看看，墙上挂挂”的结果。随着国家发达程度的提高与社会发展诉求水平的提升，特色形象、社区营造、场所精神、文化传承等需求越来越受到重视，城市设计的角色意义开始得到更多关注和讨论，也得到了我国特有社会和建设环境背景下对城市设计的理解。

1990 年城市设计北京学术讨论会提出，“城市设计是以人为中心的，从城市整体环境出发的规划设计工作，其目的在于改善城市的整体形象和环境美观，提高人们的生活质量。它是城市规划的延伸和具体化，是深化的环境设计”[16]。

王建国院士指出，城市设计是人们为某种特定的城市建设目标所进行的，对城市外部空间和形体环境的设计与组织。正是城市设计塑造的这种空间和环境，形成了整个城市的艺术和生活格调，建立了城市的品质和特色[17]。

吴良镛院士则认为，城市设计是对城市环境形态所做的各种合理处理和艺术安排，它不仅仅局限于详细规划的范围，而是在城市总体规划、分区规划和详细规划中都有体现[18]。“‘城市设计'与‘详细规划'相比，就工作环节或性质来说，大致相当，但城市设计广泛地涉及城市社会因素、经济因素、生态环境、实施政策、经济决策等”，它的目的是“使城市能够建立良好的‘体形秩序’或称‘有机秩序’”[19]。

齐康院士从建筑学角度给出定义：“城市设计是一种思维方式，是一种意义通过图形付诸实施的手段。”[20]

随着我国城市化建设步伐的加快，各种规划建设问题逐渐凸显，城市设

2019 年 11 月，习近平总书记在上海考察时指出，城市是人民的城市，人民城市为人民。无论是城市规划还是城市建设，无论是新城区建设还是老城区改造，都要坚持以人民为中心，聚焦人民群众的需求，合理安排生产、生活、生态空间，走内涵式、集约型、绿色化的高质量发展路子，努力创造宜业、宜居、宜乐、宜游的良好环境，让人民有更多获得感，为人民创造更加幸福的美好生活。

——温素威，曹玲娟，顾春，等. 为人民创造更加幸福的美好生活 [N]. 人民日报，2021-05-17(1).

计也逐步得到政府与主管部门的重视。1991 年，《城市规划编制办法》颁布，第八条规定："在编制城市规划的各个阶段，都应当运用城市设计的方法……提高城市的环境质量、生活质量和城市景观的艺术水平。"该文件第一次将城市设计作为城市规划体系的部分确定下来[21]。城市设计开始在摸索中前行。2000 年后，随着城市设计理论的成熟以及大量国际竞赛的开展，我国的城市设计实践从总体到局部地区、具体地块，均如火如荼地开展起来。2016 年 2 月，中共中央、国务院印发《关于进一步加强城市规划建设管理工作的若干意见》，指出"城市设计是落实城市规划、指导建筑设计、塑造城市特色风貌的有效手段。鼓励开展城市设计工作，通过城市设计，从整体平面和立体空间上统筹城市建筑布局，协调城市景观风貌，体现城市地域特征、民族特色和时代风貌。单体建筑设计方案必须在形体、色彩、体量、高度等方面符合城市设计要求"。2017 年 3 月，住房和城乡建设部（以下简称住建部）发布《城市设计管理办法》。2021 年 12 月，住建部公开表示，将全面开展城市设计，编制国家城市设计导则。已经可以明确，城市设计工作在我国当前及未来，在城市规划与城市建设领域将占据极为重要的一席之地。

1.2.1　国家繁荣、民族复兴的需要

《国家人口发展规划（2016—2030 年）》预测，2030 年全国总人口达到 14.5 亿人左右，常住人口城镇化率达到 70%。

对中国城镇化过程多情景模拟显示，到 2050 年，中国城镇化水平将达到 75% 左右，中国城镇化进入稳定和饱和状态。

——顾朝林，管卫华，刘合林. 中国城镇化 2050: SD模型与过程模拟 [J]. 中国科学：地球科学，2017(7): 818-832.

2000 年以后，城市设计逐步受到关注和发展，与我国社会发展和城市建设背景息息相关。随着城市化的持续推进，2019 年我国常住人口城镇化率已超过 60%，逐步进入典型的城市化中后期阶段；特别是中东部地区，常住人口城镇化率已经高达 70%~80%，达到中等发达国家水平。然而，在经济高速发展推动社会进步的同时，城市空间环境质量和城市形象品质的提高却显得相对滞后，呈现出一些不协调的差距：城市和城市形象仍然存在整体空间结构与形态无序、山水格局破坏、人的实际感知和真实生活体验品质不高等情况[22]。在新时代的发展诉求下，城市设计工作的重要作用就是描摹出更具时代意义的未来城市的美好图景，加速城市面貌和形象的改善与提高。中央城镇化工作会议（2013）、中央城市工作会议（2015）的召开

及若干文件的发布，更是表达了国家在当前发展趋势下对城市设计工作的重视。

实现社会和谐，满足人民日益增长的美好生活需要是当前我国城市建设和社会发展的重要任务。在新型城镇化建设中，城市设计工作需要以人民为中心，建设高品质的人居空间环境；顺应新的技术发展和生活方式的转变，满足人民的情感寄托与精神文化需求；还要延续城市文脉、传扬民族文化。因此，真正具有时代意义与价值的城市设计工作应从空间环境建设入手，筹谋城市的发展、国家的繁荣、人文的关怀、人民的幸福、民族的昌盛。

一个国家的先进性，表现在对社会意志的尊重和公民的高度参与，城市设计的公众参与本质上是社会文明程度的表征。通过民意调查，明确居民需求，用城市设计的手段实现居民意愿，体现了城市设计“自下而上”的重要作用。在城市设计工作中，采用切实可行的工作模式和方法，从人居环境质量提升入手，强调决策共谋、发展共建、建设共管、效果共评、成果共享，创新治理模式，正是国家和社会发展与进步的标志。

正如段进院士所说，城市设计是人性场所营造、城市文化传承和风貌特色塑造的重要抓手；城市设计不仅是形式问题、特色问题，已经上升到民族文化自信的高度，成为民族复兴的重要体现。

2019 年 11 月，习近平总书记在上海考察时指出，文化是城市的灵魂。城市历史文化遗存是前人智慧的积淀，是城市内涵、品质、特色的重要标志。要妥善处理好保护和发展的关系，注重延续城市历史文脉，像对待“老人”一样尊重和善待城市中的老建筑，保留城市历史文化记忆，让人们记得住历史、记得住乡愁，坚定文化自信，增强家国情怀。

——张毅，袁新文，张贺，等. 保护好中华民族精神生生不息的根脉：习近平总书记关于加强历史文化遗产保护重要论述综述 [N]. 人民日报，2022-03-20(1).

1.2.2 城市与社会发展的诉求

城市设计的主要内容包括城市规划的三维表达、公共空间营造，以及城市形象与特色塑造等。在我国，早期的城市设计往往被当作塑造地方形象标志和提高区域竞争力的工具，甚至出现一些片面追求“新奇特”和“高大上”的现象。随着城市发展从粗放型的外延扩张向精细化治理和内涵提质转型，城市设计更多地转向对市民生活的关注和良好体验感的营造，其核心内容的转变，标志着社会发展诉求的变迁与认知的提升。

自 2014 年起，中央城市工作会议多次强调要加强城市设计工作，并逐步提出和明确了国家对城市设计工作的要求与发展定位，并发布各项文件予以引导。住建部也同期开展了多项推动城市高质量发展的城市设计工作，如推进以人为核心的新型城镇化。实施城市更新行动，推进城市生态修复、功能完善工程，统筹城市规划、建设、管理，合理确定城市规模、人口密度、空间结构，促进大中小城市和小城镇协调发展。强化历史文化保护、塑造城市风貌，加强城镇老旧小区改造和社区建设……

——《中共中央关于制定国民经济和社会发展第十四个五年规划和二〇三五年远景目标的建议》

以原有法定规划为基础，将城市设计内容有选择性、渐进式地融入法定规划，建立相互平行且渗透的立体化编制架构，既可以维护法定规划的原有秩序，又能够有效地发挥城市设计在规划建设中的作用。

——段进，兰文龙，邵润青. 从“设计导向”到“管控导向”：关于我国城市设计技术规范化的思考 [J]. 城市规划，2017, 41(6): 67-72.

城市双修（生态修复、城市修补）、城市设计试点、美丽城市建设试点等。城市设计成为当前我国建设美好生活场景的有力推手。

首先，空间塑造质量的提升，可以满足多样化发展需求，实现社会包容，成为提升城市生活品质的基本路径[22]。故城市设计的使命不仅在于实现城市规划的三维表达，还在于创造更有活力和适宜性的公共空间，树立美好鲜明的城市形象，寄予居民情感和乡愁。

其次，在统筹复杂功能区建设和重大项目实施中，城市设计提供综合的技术支持，平衡协调城市的空间逻辑性、平面协调性、风貌整体性、文脉延续性、经济可持续性等方面的规划和管控。宏观层面上，总体城市设计可以协同区域规划，将二维技术内容通过三维技术转换为城市空间关系决策和优化的重要参考；中观层面上，城市设计通过捆绑控制性详细规划，作为控规管理文件编制的技术工作基础，或以导则、图则的形式直接作为控规的管理文件附件；微观层面上，城市设计作为多元建设主体和不同利益诉求间的协调和管理依据，成为衔接职能管理部门、建设部门、各专业设计部门和公众之间的重要环节[23]。

最后，在城市建设进入存量时代的当下，城市设计为规划实施和城市管理提供技术保障。特别是在未来以城市更新为主的城市发展模式下，城市设计的作用不仅仅是支持老旧建筑和空间的改造与活力再生、改善局部地区民生环境、促进更新范围的经济与活力，更是协调落实复杂工作关系的有效依据和管控手段。如此，才能真正实现调动公众参与的积极性和创造力，维系良性的公共关系和社会和谐，提升城市整体的健康状况与发展动力[24]。

总之，城市设计是对三维空间的组织与管理，是对城市规划的有效补充和三维空间演绎，也是地方建设工作落实规划的有效抓手。

1.2.3　城市设计被赋予重要的管控意义

多年的城市设计实践，已经彰显出城市设计在中国城市发展和建设中的重要作用，也逐步形成了我国特有的城市设计体系。城市设计不是简单的城市规划的一部分、建筑设计的扩展，它的实质是城市规划的三维管控，是为人民创造场所的艺术。

实践工作中，面对城市建设的决策者和管理者，城市设计不再局限于描摹空间景观美学效果，更被寄望于作为技术手段和管控标准，辅助实现城市空间环境品质的提升；城市设计也不再局限于呈现设计结果，更是对城市空间环境的形成过程进行控制和指导，这是一个“规－建－管”的全过程系统。

同时，对于作为复杂巨系统的城市而言，城市整体空间环境品质的提升是全方位和全系统的提升，是在城市长期发展中逐渐累积和改善的一个过程。城市设计工作不可回避的重要任务就是在这个长期过程中，从专业的角度进行渗透与作用，通过对不同层次和内容的介入，保障城市建设过程的有序性与合理性。例如，在总体格局上，从城市特色定位、公共空间系统布局、生态环境系统、城市空间资源的利用与效率、建筑风貌与组织等方面提供坚实的科学依据和专业指导，进行城市发展方向的整体管控；在独立地块的开发建设上，确定每个地块的细分需求，进行“精细化”管理，对具体建设行为进行管控和引导。具体实践中，通过与土地出让条件相结合、与控规相结合的方式赋予城市设计法定含义，将显示出更好的管控作用。上海、深圳等城市对城市设计的“规－建－管”全过程贯穿已经进行了丰富的实践和探索。

上海自2011年开始在控制性详细规划中以附加图则的形式纳入城市设计对建筑形态、公共空间、道路交通、地下空间和生态环境等的强制性控制内容；2020年又增加了分级分类的差异化管控体系，推动城市设计管控引导的全覆盖。包括深圳在内的广东省多个城市则直接将城市设计与建设审批程序结合，引导城市形态管控的机制。实践表明，当城市设计被直接作为管理人员进行方案审批的参考依据时，开发行为被有效规范，以规避一些可能发生的不合理开发建设对城市公共空间和风貌特色的损害。当然，其他很多省市也已开始在规划管理法规中增加城市设计的内容，陆续出台独立完整的城市设计编制及管理办法，体现了地方建设对城市设计管控作用的重视及方法上的探索。

城市设计向公共政策的转变，可以大大提升对设计内容的约束力，有助于协调不同的利益主体，使设计理念能够贯穿始终。上升为公共政策的城市设计的编制内容及表达方式也要进行相应的转变，以满足公共政策的基本要求，适应行政许可过程的各个环节，做到“可转”（便于向设计条件转化）、“可控”（便于调控和管理）、“可施”（便于实施和监督）。

要实现城市设计向公共政策的转变，就要根据公共政策的特征，针对存在的问题，从设计到实施的各个环节，提出行之有效的城市设计优化策略。

——杜立柱. 基于公共政策属性的城市设计优化策略 [J]. 规划师, 2015, 31(11): 48-51.

一系列实践经验证明，城市设计应贯穿城市发展的长期过程，与城市规划和城市建设的各个环节紧密结合，成为“规－建－管”的有力依据和抓手，最终有效完成城市规划、建设与管理的目标和任务。

1.3 实践工作中的客观现实与诉求

1.3.1 理想与现实的错位

偏向美学逻辑的设计语言向城市公共政策的管理语言的转化程度决定运作成败。……城市设计本质所试图解决的是以城市空间形态设计为技术表象背后的利益分配与归属问题，利益分配的决策必然伴生大量具体细节上的“讨价还价”。

——朱子瑜，李明. 全程化的城市设计服务模式思考：北川新县城城市设计实践 [J]. 城市规划，2011, 35(S1): 54-60.

虽然城市设计的作用已经受到各方重视，但建设中的具体实施效果与实际引导作用却不尽如人意，理想与现实之间存在错位。

首先，由于城市设计的层次不明、阶段不清，甲方的设计任务诉求过于宽泛、缺乏重点，城市设计容易无所不包，这时候设计师面临的工作内容冗杂，研究难以深入，设计思维无序，最终成果也就容易纸上谈兵，欠缺具体的实施指导价值。

其次，在实践工作中，即使设计师全力投入，城市设计成果也往往存在与城市实际建设发展需求之间缺乏有效衔接的问题，特别是在与法定规划衔接时，出现无法将设计成果转换成具体的可操作内容，最终成为可有可无的参照，难以在实际建设中贯彻和实施的问题。

再次，城市设计专业本身缺乏行业规范，没有统一合理的标准，这给工作的开展、评价、管理等带来巨大困难；各地城市设计的认识、编制和管理混乱，大部分省市尚缺乏技术指导，使得城市设计工作陷入困境：关键内容缺项，削弱了城市设计的管控作用；成果泛化，无法针对城市设计面临的实际问题；层次混乱，城市设计成果的系统性与可操作性不足[25]。

城市设计如何实现有效落地与管理？城市设计如何被评价？城市设计如何实施专业化管理？如何应对行政意志干预？各地对照各自的城市设计运作情况，按侧重点会采用不同的管理工具，例如美国的视觉评估系统与城市景观控制战略、法国的纺锤形控制、英国的战略视野保护、日本的地方化条例，以及我国台湾的城乡风貌改造规划、上海的黄浦江景观管理条例等。

这就引发我们一线设计师的思考：怎样才是一项好的城市设计？什么

才是标准？面对理想与现实之间的错位，如何有效连接理想与现实，纠正错位？

对此，我国城市设计工作者也在积极地思考和探索，尝试采用一些新的策略，例如公众参与、社区自治、社区建筑师等。这些新策略增加了城市设计的落地性，改变了城市设计以图纸为终点的单向过程，促进了建立管理者、设计师和市民共同参与的诱导系统，激发形成了设计－建设－反馈－设计的健康循环机制，呈现出一定的城市建设效果。受到这些新兴模式城市设计实践的启发，我们不禁思考：或许从城市使用者与管理者的诉求出发，更容易树立稳定统一的城市设计目标，直面现实的挑战和检验。

1.3.2 国土空间规划体系对城市设计工作提出新的定位与要求

随着我国国土空间规划体系的建立、管理制度的变革以及对国土资源的管控日渐严格，“存量提质”——不以新增数量取胜，而是强调提升空间的品质与质量——逐渐成为城市空间建设发展的新常态，这就赋予了城市设计工作更重要的角色。一方面，城市设计预设和引导了城市空间的开发建设，城市设计的质量和标准是城市空间提质的基础与前提；另一方面，城市设计在土地、空间的开发提质中占据着重要地位，城市设计的贯彻落实与监督管理就是城市空间开发提质的根本保障。

近年来，从中央到地方，城市设计工作不断受到重视并逐渐规范化，《城市设计管理办法》（2017）和《国土空间规划城市设计指南》（2021）相继出台，多个省市亦出台了各自的城市设计编制及管理文件，并在城市规划管理法规中增加了城市设计相关内容。城市设计工作的目标逐渐清晰，工作标准逐步规范。

特别是2021年7月，《国土空间规划城市设计指南》（TD/T 1065—2021）作为核心指导文件发布，进一步明确了城市设计在国土空间规划建设管理中的定位。该指南强调，城市设计是营造美好人居环境和宜人空间场所的重要理念与方法，是国土空间高质量发展的重要支撑，贯穿于国土空间规划建设管理的全过程[26]。

上述指南的指导思想与原则可以归纳为以下几个方面[27]。

（1）生态文明建设中城市设计内涵拓展

国土空间规划明确要求，从人与山水林田湖草沙生命共同体的整体视角出发，坚持区域协同、陆海统筹、城乡融合，协调生态、生产和生活空间，系统改善人与环境的关系。山水林田湖草沙都是城市不可多得的资源禀赋，城市空间景观环境营造需要对此实现全要素和全方位的统筹协调，更要在保护和维系自然生态环境的前提下，实现人居环境质量的系统性提升。

（2）“一张蓝图”中城市设计内容融入

城市规划系统整体形成“多规合一”的统一数据基础。不同来源动态数据的综合，促进和推动多部门、多行业数据之间的融通。城市设计作为市域国土空间规划的重要内容，要利用好这一数据基础优势，在此之上进行设计工作，实现“一张蓝图”的融入。

通过“一张蓝图”可以实现城市规划、城市设计、城市管理、城市监督和城市建设的统筹。确保所有参与方都在同一个平台分享数据，为了同样的目标努力，进行全生命周期的管控，从而达成真正的精细化城市设计。

（3）全域用途管制中城市设计思维运用

上述指南因势利导，对城市设计思维的运用提出相关策略建议。

在价值导向上，以生态系统优化、历史文脉传承、功能组织有序为基本原则，强调人与自然的和谐共生，历史文脉的传承积淀，社会包容的人文关怀，创新发展的空间品质，而不仅仅关注景观风貌与特色。

在工作对象上，突破原有的城镇发展区范围，拓展至各类生态保护与控制区、农田保护区、乡村发展区等。

在技术途径上，通过公共政策途径和技术管控方法与空间规划、建设管理以及社会实践紧密结合，实现对人类聚落及其环境的相互关系和结构形态进行多层次、系统化和整体性组织安排与空间创造。

在成果形式上，提倡灵活采用多种形式，包括文本、图则，鼓励增加模型、多媒体、政策文件等多种形式。

1.3.3 实践中的需求层次

城市设计目标具有多层次、综合性、多维度的特点。具体的目标与评价准则，根据不同的范围和阶段有层次之分，根据不同的人群有价值取向之分，根据不同学科有类型之分。

首先，城市设计的范围极广，几乎渗透到城市建设的方方面面，包括城市最初的战略性规划到使用中最细微的设施布置，贯穿于城市规划各个阶段。城市设计不仅包括城市物质空间的设计，也包括城市无形资产的经营策划（信息交流、教育配置、文化继承、金融循环、贸易促进、人际交往和社会活动）；不仅包括空间形象设计，也包括行政干预、法律规范、市场调节、公众参与等一系列社会政治经济过程；不仅研究“怎样做城市设计”，而且关注“怎样实施以及管控”[28]。

其次，现阶段的城市设计重在“经营”——资源整合、提高效益。经过了漫长的城市发展过程，城市逐渐由外延扩张转向内涵发展。城市空间作为一种不可再生的城市基础性资源，其使用效率的保证和提高一直是城市可持续健康发展的基础。城市设计工作“经营”的关键在于站在城市发展的宏观角度，研究如何开发土地的价值，提升空间资源利用效率，提高综合利用效益。特别是现代城市发展后期，都不可避免面临城市更新的问题，城市空间活力有待重塑，城市空间资源的再开发利用涉及更为复杂的政治、社会和经济关系，城市设计的“经营性”特征就更为突出。

最后，现代城市设计是“过程”导向。现代城市设计学科的发展已经让我们认识到：城市的形成是一个过程，是一系列现象和问题复合叠加的结果。因此，不论城市规划还是城市设计，都不能仅仅追求一个完美终极状态的空间呈现，更重要的是使城市的发展过程有序、和谐与平衡。传统的城市设计往往着重于静态的三维空间设计，追求最终的空间形象呈现，却很少考虑城市发展过程。克里斯多弗·亚历山大（Christopher Alexander，1936—2022）的“城市整体生长”理论促进了现代动态城市设计观的发展。所有规划愿景的落位、诸多问题的解决，只有从过程着手，才具有现实

当前的城市设计研究对城市设计实施方面的问题给予了极大的关注，城市设计理论的重心从“怎样做城市设计”转向“怎样实施城市设计”，即使是在“怎样做城市设计”中，也不仅仅指“怎样做城市空间设计”，而是更多地探讨了城市设计的过程、方法与策略。

——余凌云，王伟强. 经营城市：浅析当代城市设计的内涵 [J]. 城市规划汇刊，2001(1)：46-49，80.

克里斯多夫·亚历山大，美国著名城市专家。他提出“城市整体生长”理论，主张城市应该以整体的方式发展，并认为城市发展的过程是一个由局部到整体的过程，城市的发展应该与整个社会同步进行。亚历山大的这一理论对城市发展产生了深远的影响。

意义。同时，城市设计工作也是一个过程，城市设计的成果仍包含一系列描述空间形态的图纸，但更重要的是，如何将一个计划由源起、规划与设计，直至成果持续下去[29]。不可否认，实践的过程中，城市设计师的角色逐渐由“设计城市者”转变为“策划及经营城市者”[28]。

1.4 城市设计仍然是研究建筑与城市之间关系的学科

1.4.1 城市设计范畴与目标的提升

作为研究建筑与城市关系的学科，城市设计始终如一。只是随着城市这个系统复杂性的增加，城市设计不再局限于对三维空间变量和效果的研究。

首先，当前我国正处于社会发展转型的阶段，城市发展不再单纯以经济效益为衡量指标，单向索取资源的方式被逐渐摒弃。此时，城市的建设方向和发展诉求发生明显转变，在城市空间环境的塑造过程中，更需要关注并满足不同的使用需求，提高社会公共生活质量、城市发展活力、城市文化品位，彰显城市特色，实现可持续发展[22]。城市设计已经从城市局部物质空间形态的研究，拓展为对城市复合性、多维度和多层次关系的研究，城市设计所涉及的领域也从相关的城市规划、建筑设计、环境艺术，拓展到社会、经济、文化、生态以及城市管理与运营等更多学科和领域。城市设计已成为一项综合性的系统工程。

其次，项目委托方对城市设计工作的需求也不再满足于城市空间建设终极效果的呈现，同样重视城市设计的目标定位与行动实施过程，追求过程与结果的统一。故从事城市设计工作需要深入了解当地社会经济发展实情，深入群众，深入基层，把握城市发展阶段与特质、当地文化和风俗传统，尊重民众审美意趣；遵循城市化和产业发展规律、城市空间发展规律及市场规律；掌握先进的技术与工具，模拟和预测城市未来的发展趋势，以制定最佳的规划和设计方案；全面参与城市设计落地和城市空间建设的全过程，为策划－设计－建设－组织－运营－评判反馈的全过程提供技术支持。

最后，我国当前已进入城市空间的存量时代，越来越多的精细化城市设计与空间经营筹划诉求的出现，标志着我国正由高速增长的阶段逐步过渡到有机可持续发展的成熟社会。对此，我们希望找寻适用的理论和方法，启发更多的城市设计思考，为实践中面临的困难与问题提供建议和参考。

1.4.2　复杂性与复合性的难题

2019 年 12 月，国务院副总理韩正在住房和城乡建设部召开座谈会，指出要把城市作为“有机生命体”。诚然，如果把城市只作为设计产品来对待，很多理念就会错误。城市设计和建筑设计的区别在于，建筑设计产出较具确定性的设计产品，而城市设计不是，尤其是较大范围的城市设计。

城市是一个有机生命体，是多要素、多变量复合叠加的“巨系统”，这已经成为研究领域的广泛共识。环境、人口、流量、气候、土地利用、经济、产业、政策和交通等不同领域的要素和变量相互关联、深层作用、交织互动，最终形成不可分割的统一整体。城市设计作为城市规划的三维管控，离不开对这些错综交织、纷繁复杂的变量及其间的互动关联和相互作用的研究，“牵一发而动全身”往往不足以概括变量之间的紧密关联程度。故城市设计要全面渗透和协作参与城市建设的全过程，落实具体的行动实施，并应对不同的行为主体，解决现实的社会问题；还要面对多方利益的诉求和博弈，全面平衡和引导长效价值与资本短期获利意愿的对立及转化。面对这些任务时，我们无从回避城市设计工作的复杂性与复合性，以及诸多现实的权衡与取舍。

空间、城市都是人造物，是我们一点点把它造起来的，但是造起来之后，所有零件合在一起运转，一旦城市这个大的系统形成了，就不能随意增添不合系统的零件，这种不合系统的零件多了，就会影响整个城市的正常运转。

——希利尔. 空间是机器：建筑组构理论 [M]. 杨滔，张佶，王晓京，译. 北京：中国建筑工业出版社，2008.

城市是一个有机生命体，具有生长发展的属性，永远处在瞬息不停的变化之中。城市空间是与当地人与自然互动的结果，并且是长期累积而成，因此具有四维性；而城市设计工作也已从静态的城市空间效果呈现发展为城市设计实施与管控的动态过程，时间维度的作用已不容忽视。时间变量的叠加使得城市设计研究与控制的对象成为动态行为和演进过程，城市设计工作的复杂性和难度进一步提升。

如何应对当前城市设计工作的复杂性和过程精细控制的需求；如何多维审视城市问题，提升城市设计思维的高度；如何促进城市建设领域相关多学科的交叉和融合；如何为城市设计与建设管理工作的落实提供有效指导与帮助，提高工作效率和工作质量：这些都是当前城市设计工作实践中要面临的难题。

中外优秀城市设计实践，如美国的洛克菲勒中心、法国全面推广的城市更新行动等，普遍说明仅仅考虑空间的适宜性、空间的使用感是不够的，在城市这样一个人工构筑密集、空间资源紧张的环境中进行设计和开发，要营造更优质、优美、宜人、有活力的空间。这需要从人与建筑、建筑与建筑、建筑与城市以及城市与人的关系入手，以“经营性”思维统筹和策划好城市空间的整体组织格局，开发城市空间的运营价值，实现城市空间的活力再生和效益联动，从而引领城市设计理念的建立。这也许是提升城市空间品质、价值和效率的更优途径，也是平衡多方利益和诉求的有效方法。

1.5 “城市空间经营”是把解决难题的钥匙

1.5.1 “经营”理念介入城市设计的意义

市场经济大背景下的经济规律是当前社会运行的根本性规律，社会生产和经营模式必须遵循经济原则，存在生产经营行为和具有产品属性的一切领域都受到经济规律的支配，城市建设领域亦不例外。对此，城市设计工作有必要理解和运用符合客观经济规律的原则与模式，学习和借鉴一切符合经济规律、直接关联城市管理运营的成熟经验。

“经营”理念是一种贯穿经济活动全过程的成熟理念，融合了经济学和管理学理论。它是由一系列观念或观点构成的，对经营过程中发生的各种关系的认知和态度的总和，具体包括市场观念、用户观念、竞争观念、创新观念、开发观念和效益观念。“经营性”思维早在20世纪80年代就被引入城市建设及其研究领域，与经营理论的成熟、研究体系的完整以及经验的积累和广泛适用息息相关，当前城市设计领域引入“经营”理念亦是这一趋势的进一步发展。

城市规划为解决城市问题而生，而城市设计是城市规划的三维实现，是

2014年2月，习近平总书记在北京考察时指出，城市规划在城市发展中起着重要引领作用，考察一个城市首先看规划，规划科学是最大的效益，规划失误是最大的浪费，规划折腾是最大的忌讳。

——习近平对大城市发展的6方面提醒[EB/OL]. (2014-02-27) [2023-05-06]. http://politics.people.com.cn/n/2014/0227/c1024-24480511.html.

解决建筑与城市之间关系的一系列问题的学科。目前的城市问题是现代社会生产方式和经济模式的产物。当前城市发展的诉求向多元化、复杂化发展，其内容包括城市发展战略与定位、城市品牌与形象推广、城市功能空间组织、城市土地与公共资源运营，以及其他一些要素的开发经营等。城市设计与建筑设计之间，不再囿于单一的物质空间形体关系，而是存在涵盖多学科、多部门、多系统、多领域的庞杂复合的一系列问题。这些纷繁复杂的问题背后，需要系统性的思维、统一明确的逻辑理念和思想指明解决路径。“经营”理念在各个层面和领域中都表现出广泛的指导意义及作用，是一种能够跨越不同领域并且平衡和协调多样性诉求的思维模式。

实践中，城市设计项目的各行为主体（管理者、运营者、设计者和建设者）由于角色不同，对城市设计的定位和诉求各有立场，在工作开展中也就容易各自为政，且相互之间的协作和沟通缺乏统一的理念与平台。设计师普遍关注和讨论的是空间与形式效果，目的是建设一个更优质、更能满足人的物质与精神需求的空间形态，这一部分内容已经被研究、讨论了几十年，有了非常丰厚的成果。但是一个项目不成功、不被选择，或者落地效果不理想，并不完全在于设计效果呈现和设计手段问题，回溯源头，更可能是这个项目的立意定位的准确性或运作和实现过程出了问题，也就是城市设计者与城市管理者、项目运营者、建设执行者的目标出现错位。那么应如何理解各自立场，做好平衡和协调工作，实现思想的有效对接？从根本性的经济社会发展规律和底层逻辑来说，我们有必要把“经营”作为一种协同共构的理念，以共同的价值导向和逻辑秩序为对话平台，将美学与效率、当前与未来、经济与人文、管理与建设、设计与实践有机统一，有效解决城市整体发展与项目开发之间的衔接问题，解决政府、运营者、建设者和设计者之间沟通失效的问题，提高城市空间开发中主动建设行为的统一性、准确性与高效性。

1.5.2 “经营”理念是一种有效的城市设计思维

在城市设计实践一线，通过对实际项目设计和运作的反省与思考，我们能明显感受到城市发展的新诉求：寻求一种经济的、社会的、文化的、产业的，以及历史特色与生态价值上的多维度多层次的和谐、维护、循环和促进，带来一种有计划、有步骤、有长远目标和全面平衡的城市综合品质提升。这些新诉求标志着城市管理与政策层面观念的进步，是城市设计和建设工作理念的迭代，将促成新的城市设计工作行业标杆的树立。

20 世纪 90 年代初，我国城市建设领域引入“城市经营”理念，进而出现具体经营策略的讨论，以及频繁围绕“空间经营”和“运营”模式的深入研究。这不仅完全突破了“经营”原有的纯粹经济性的内涵和管理学属性，更延伸到对城市建设的行为演进和价值重塑所属的文化美学与社会学范畴。

若城市设计工作者能将“经营”理念融入专业素养，以效益和效率的逻辑为依托，以策划的手段去解决项目定位与落地问题，那么脱胎于经济学和管理学的“经营”理念将同样在城市设计工作效果的提升上发挥明显优势。

（1）资源管理

在市场经济背景下，城市的正常运转和发展离不开资源的管理与经营，城市设计经营的主要资源就是“城市空间”，城市空间承载着土地资源以及附着于其上的产业资源、生态资源、人文历史资源等一切与城市相关的资源所形成的系统。空间资源是具体落位于物质系统的变量，属于不可再生资源。在城市这样一个空间界限明确的领域中，空间资源有限并体现出经济性的竞争关系，同时空间还是多种城市资源的载体，因此，空间资源的平衡对其开发能力的提升尤为重要。

随着社会发展，城市设计越来越倾向于对城市资源的有效利用和开发品质提升，追求资源特别是空间资源利用的效益最大化，维护各项资源的可持续性。着重效益和效率的“经营”理念极佳地呼应了这种需求，在城市空间利用过程中，通过规划、建设、管理、运营等手段，合理锚定项目定位和空间资源开发模式，使城市空间得以有效利用和可持续发展。该过程还涉及更多维度的经济性、社会性和文化性资源的平衡与取舍，这些都离不开“经营”理念的指导。

（2）公共利益的维护

在城市各个领域中，普遍存在公共利益与商业利益的矛盾问题。经济规律告诉我们：一方面，企业的确追求利益最大化，也就是少数人的利润最大化，这与公共利益形成对立，在城市建设和开发过程中，公共利益与企业利益之间的矛盾对抗激烈，引人关注；但另一方面，我们往往忽视了人们自身的需求主要通过市场主体的商业活动来实现这一事实，如果没有对市场主体正当利益的保护和引导，就无法满足公众群体里的商户端（企业）的需求，进而也就无法满足公共利益（企业与消费者群体利益）。因此，公共利益与商业利益之间仍然存在潜在的一致性。

可见，运用“经营”理念，树立科学的观念，运用辩证的方法看待和分析“公共利益”问题的多面性，而非单向失衡地片面理解；借鉴相关成熟经验和理论，采用灵活多变的应对政策，进行多维度剖析，才能把控好公共利益与企业利益之间的平衡。

在城市设计工作中融入“经营”理念，能够帮助精准掌握项目运营者的立场和诉求，理解委托方市场行为的效益优先原则，正视项目运营开发投入和效益之间的利益权衡，准确选择项目定位和开发运作模式，这有利于项目的顺利开展和有序运营，实现开发预期，避免委托方的种种顾虑导致的无谓摇摆。通过“经营”角度能够宏观看待城市发展和运营问题，理解城市管理者与政策执行者的立场和期许，并从城市发展的整体和长远利益出发，思考短期与长远利益的平衡取舍。只有遵循人本主义、生态优先的原则，利用公众参与的手段，为设计工作赋予积极和一致的价值导向，为设计的技巧和方法设立统一的评判标准，才能更好地促进和维护切实的公共利益。

（3）人本主义实践与人文价值优化

从城市设计产生的本源和目的来看，都离不开对人本主义的关注和对人文价值的继承与发扬。城市设计强调以人为中心，充分考虑人的需要，注重城市环境的空间品质氛围营造，而人文价值优化则是在城市设计实践中，注重城市历史人文特色，打造城市独特形象。

在人本主义实践方面，城市设计强调从居民的实际需求出发，尊重居民意愿，并将城市公共空间的规划设计作为核心关注点，力图创造美观、舒适、便捷、安全、和谐的城市空间环境。“经营”理念有助于提升设计思维水平，提供调研和提取使用者诉求的更佳方法，关注城市空间的联动效应和机制，重视公共空间的持续发展与可变需求，以及保障城市设计的落地性和运营细节的实施，以更务实的策略与机制帮助提高城市整体服务水平和居民生活品质。

在人文价值优化方面，城市设计重视城市历史和文化的深入挖掘，主动承担城市特色营造和文化底蕴传承的责任，力图打造更具文化品质和精神内涵的城市环境。同样，“经营”思维能够帮助城市设计工作者对人文价值形成正确的认知判断，积极借鉴其他领域优秀在地文化特质和传统要素的传承机制，学习提升文化基因的影响力和价值的策略方法，帮助城市文化特质融合并落位于具体的实施对象，做好价值转化，用更积极的态度和技术方法将其融入城市空间环境与景观，打造城市形象，提升城市品牌价值。

1.5.3 “经营”理念有助于“可持续发展”目标的实现

城市规模越来越大，将给生态环境造成巨大的压力，而不同历史时期与阶段的城市环境、经济和社会问题不断相互作用和累加，使得本来问题已十分严重的城市更加脆弱。从这个意义上讲，只有让城市走上可持续发展之路，才会有国家乃至全球的可持续发展。城市设计关注人与场所、人的活动与城市空间、自然环境与人工环境之间的对话关系，是实现人与自然、人与城市可持续发展的有效方法。

城市可持续发展系统为城市可持续发展提供支持，包括城市资源支持系统、社会保障系统、经济发展系统、环境支持系统及管理系统这五大支持系统。其中资源环境支持系统决定着城市人口与经济发展规模，是决定城市发展规模的主导因素，也是影响城市可持续发展的基础条件。

“经营”理念从涵义本源来讲就是提高资源效率和效益的方法，对资源的利用和可持续性起到关键性作用。“经营”理念还强调市场化运作，通过市场机制来实现城市的可持续发展，具体体现为可持续发展的经营理念可以帮助企业提升社会责任感和企业形象，提高企业的品牌价值和市场竞争力。

当应用对象由企业改变为城市时，同样有利于城市形象和品牌价值的提升。

因此，“经营”理念介入城市设计，有助于“可持续发展”目标的实现，包括以下几个方面。

（1）资源的可持续

城市资源的可持续是指合理地利用原有资源，建立一个环境友好的使用过程，并注重使用效率，不仅为当代人着想，也为后代人着想。“经营”理念介入城市设计工作，有助于城市空间资源、土地资源及一切相关资源的开发利用程度之间达成平衡和效益提升，为城市可持续发展提供重要保障。

（2）环境的可持续

城市环境的可持续是指不断努力改善城市及区域的生态、人文环境，为人类可持续发展做出贡献的过程。“经营”理念协助城市建设的行为主体主动维持城市长远发展和短期发展之间的平衡，关注并争取环境效益的提升。当前，利用环境生态规律来解决城市环境问题，已在城市设计研究领域取得丰硕成果。

（3）经济的可持续

城市经济的可持续是指在全球实施可持续发展的过程中实现城市系统结构和功能相互协调。具体来说，即围绕生产过程这一中心环节，通过均衡地分布农业、工业、交通等城市活动，促使城市新老结构和功能达成和谐一致，这主要通过政府的规划行为实现。借助“经营”理念指导下的城市设计，可以争取在资源消耗最小的前提下，激发城市活力（如触媒理论在城市设计中的应用），使城市经济模式朝着更富效率、更加稳定、更敢创新的方向演进。

（4）社会的可持续

奥伦·耶夫塔克（Oren Yiftachel，1956—）提出，要实现城市可持续发展，在社会方面应寻求建立人类相互交流、信息传播和文化得到极大发展的一个城市，这样的城市以富有生机、稳定、公平为标志。“经营”理念强调对产品使用端的分析和关注，也就是对城市居民的关注，强调城市空间应以适应城市中不同年龄、不同生活方式人群的需要为目标，以全体市民意愿

奥伦·耶夫塔克，以色列重要的地理学家和社会科学家之一，也是一位城市规划师。主要研究方向为政治地理学、城市规划和公共政策。著作有《计划与社会控制：分裂社会中的政策与抵抗》（*Planning and Social Control: Policy and Resistance in a Divided Society*）等。

为基础，激励和协调公众、社团、政府、运营方等共同参与城市问题的讨论与决策，引导城市设计通过合理的空间组织与公共设施建设，为城市居民提供更加公平、便捷的服务和资源，有效提升城市空间环境质量和居民生活品质，促进城市社会的平等和谐发展。

（5）管理与运作的优化

城市设计通过参与具体建设项目的实施过程，与政府相关部门密切合作，确保各项建设任务的顺利实施，并监督整个项目达到预期效果。在社会主义市场经济背景下，“经营”理念可以帮助参与项目的各利益集团建立统一的对话平台，架起沟通的桥梁；通过城市设计的手段，运用经营的方式，对政府、团体、企业、居民的需求进行统筹管理和服务（如把旧城改造与传统企业的技术改造相结合，把改善居民生活环境与土地功能转换相结合），从而各得其所需，达到经济、社会和环境效益的综合提升。

参考文献

[1] 姜振寰. 自然科学学科辞典 [M]. 北京: 中国经济出版社, 1991.

[2] Saarinen E. The City: Its Growth, Its Decay, Its Future [M]. New York: Reinhold Publishing Corporation, 1943.

[3] 吉伯特. 市镇设计 [M]. 程里尧, 译. 北京: 中国建筑工业出版社, 1983.

[4] 王嘉琪, 吴越. 美国现代城市设计的起源、建立与发展介述 [J]. 建筑师, 2018(1): 67-73.

[5] Lynch K. The Image of the City [M]. Cambridge, MA: The MIT Press, 1960.

[6] Jacobs J. The Death and Life of Great American Cities [M]. New York: Knopf Doubleday Publishing Group, 1992.

[7] Barnett J. Urban Design as Public Policy: Practical Methods for Improving Cities [M]. New York: McGraw-Hill Education, 1974.

[8] Barnett J. An Introduction to Urban Design [M]. New York: Harper and Row, 1982.

[9] Gosling D. Concepts of Urban Design [M]. Newbury: Academy Editions, 1984.

[10] Top产业办公研究院, 麦肯锡报告摘译: 未来成功城市的 14 个特征 [EB/OL]. (2019-04-28) [2023-05-01]. https://www.ofweek.com/smartcity/2019-04/ART-201823-8470-30323196_2.html.

[11] 寇耿, 恩奎斯特, 若帕波特. 城市营造——21 世纪城市设计的九项原则 [M]. 俞海星, 译. 江苏: 江苏人民出版社, 2013.

[12] 邱红, 林姚宇. 面向低碳的城市设计思潮溯源 [C]// 中国城市规划学会. 城乡治理与规划改革——2014 中国城市规划年会论文集. 北京: 中国建筑工业出版社, 2014: 965-972.

[13] Madanipour A. Urban Design, Space and Society [M]. London: Bloomsbury Academic, 2014.

[14] 王建国. 生态原则与绿色城市设计 [J]. 建筑学报, 1997(7): 8-12, 66-67.

[15] 王建国. 现代城市设计理论和方法 [M]. 南京: 东南大学出版社, 1991.

[16] 陶文铸. 面向规划管理的城市设计体系建构 [D]. 武汉: 华中科技大学, 2010.

[17] 王建国. 中国城市设计发展和建筑师的专业地位 [J]. 建筑学报, 2016(7): 1-6.

[18] 吴良镛. 城市设计是提高城市规划与建筑设计质量的重要途径 [C]// 吴良镛. 城市规划设计论文集. 北京: 北京燕山出版社, 1988: 540.

[19] 吴良镛. 历史文化名城的规划结构、旧城更新与城市设计 [J]. 城市规划, 1983(6): 2-12, 35.

[20] 齐康. 现代城市设计理论及其方法研究 [D]. 南京: 东南大学, 2002.

[21] 陈天. 法制化、透明化、精细化: 我国城市设计管理机制优化研究 [C]// 中国城市规划学会. 持续发展 理性规划——2017 中国城市规划年会论文集. 北京: 中国建筑工业出版社, 2017: 109-119.

[22] 边兰春, 陈明玉. 社会-空间关系视角下的城市设计转型思考 [J]. 城市规划学刊, 2018(1): 18-23.

[23] 朱子瑜, 李明. 全程化的城市设计服务模式思考——北川新县城城市设计实践 [J]. 城市规划, 2011, 35(S1): 54-60.

[24] 梁歌, 游捷. 浅谈城市设计在社会经济利益中的影响 [C]// 中国城市规划学会. 共享与品质——2018 中国城市规划年会论文集. 北京: 中国建筑工业出版社, 2018: 1890-1895.

[25] 魏钢, 朱子瑜, 陈振羽. 中国城市设计的制度建设初探——《城市设计管理办法》与《城市设计技术管理基本规定》编制认识 [J]. 城市建筑, 2017(15): 6-9.

[26] 中华人民共和国自然资源部. 国土空间规划城市设计指南: TD/T 1065—2021[S]. 北京: 地质出版社, 2021.

[27] 东南大学. 国土空间规划城市设计指南（报批稿）编制说明 [EB/OL]. (2021-05-20) [2023-05-01]. http://gi.mnr.gov.cn/202105/P020210528643709991798.pdf.

[28] 余凌云, 王伟强. 经营城市——浅析当代城市设计的内涵 [J]. 城市规划汇刊, 2001(1): 46-49, 80.

[29] 胥瓦尼. 都市设计程序 [M]. 谢庆达, 译. 台北: 创兴出版社, 1990.

2 城市空间经营
——“经营理念”的城市设计应用

“经营”一词在我国最早出现于西周,《尚书·召诰》中的“经营”为“营造都城”之意，指向具体;《诗经·大雅》中的“经营”则意为“治理天下”，意义涵盖更为抽象和广泛。在西方，“经营”一词常常与“管理”不分彼此，很多情况下是同一个词，即“manage”。欧洲中世纪时期，商业管理被看作一种艺术和技能。随着资本主义的兴起，现代经营理论的发展可以追溯到20世纪初期，大致经历了三个阶段:①商品经营阶段，企业利用并营造商业氛围，使商品价值达到最优化;②资产经营阶段，企业通过资产经营实现资产价值增值;③多元化经营阶段，经营的资源对象广泛化，既包括商品经营、资产经营，也包括社会上一切可利用资源的经营，既包括物质资源的经营，也包括人力资源、信息资源等一切无形资源的经营[1]。

当前，源于管理学的“经营理念”已广泛在多学科和多领域得到借鉴与应用，在城市发展领域亦受到深度研究和重视。城市设计是市场经济体制下对城市空间发展进行公共干预的重要手段之一。本书意图将“经营理念”扩展延伸到城市设计领域并发挥作用，就需要从根本上理解和分析“经营”的本源涵义与其价值所在。

城市设计是市场经济体制下对城市开发进行控制和引导的公共干预工具。在市场化、全球化、城市化和分权化的背景下，城市设计在实践中被赋予了“空间经营”的公共产品生产调控职能，发挥着重要的空间资源配置作用。“空间经营”是根据公共利益要求对城市空间背后各种开发权利进行的优化配置，实质上是城市开发各利益主体之间相互博弈和均衡的公共决策过程。

——苏平. 空间经营的困局:市场经济转型中的城市设计解读 [J]. 城市规划学刊, 2013(3): 106-112.

2.1 “经营”解读

2.1.1 汉语词典释义

【词语】经营

【拼音】jīng yíng

【解释】①筹划并管理(企业等):经营商业;经营畜牧业;苦心经营。②泛指计划和组织:这个展览会是煞费经营的。[2]

2.1.2 引证释义

①筹划营造。《书·召诰》："卜宅，厥既得卜，则经营。"

②规划营治。《诗·大雅·江汉》："江汉汤汤，武夫洸洸。经营四方，告成于王。"

③周旋；往来。《文选·司马相如〈上林赋〉》："终始灞浐，出入泾渭；酆、镐、潦、潏，纡馀委蛇，经营乎其内。荡荡乎八川分流，相背而异态。"

④艺术构思。南朝梁刘勰《文心雕龙·丽辞》："至于诗人偶章，大夫联辞，奇偶适变，不劳经营。"

⑤承办管理。唐柳宗元《田家》诗之二："努力慎经营，肌肤真可惜。"[3]

2.1.3 "经营"具有全局性和长远性的特点

"经营"是经济学上关于企业发展与竞争的一个概念。"经营"的目的是以尽可能少的资本投入，调动尽可能多的社会资源，实现效益和增值。企业或经营者以盈利为目的，对经济活动进行过程筹划、设计与安排。经营是一个不断投入、产出的过程，以经营活动的发展方向和发展战略为指引，是经营者在遵守既定法律法规和市场规律的前提下，按照发展的目标、市场需求情况及企业自身的需要，根据经营组织的内部条件和所处的市场竞争外部环境，对经营活动长期发展进行战略性规划和部署，制定远景目标和方针的战略层次活动。经营具有全局性和长远性的特点。

2.1.4 "经营"强调过程性和不断调适的能力

经营过程，即经营组织的经营活动或其中某一分项活动从开始到结束所经历的各个阶段或环节。总体来看，任何经营过程都包括四个阶段或环节，即监督、改进、决策和管理。"经营"注重环节控制，强调建立完善的流程管理体系，强调按计划的经营方向及经营方案运行，注重过程管理。"经营"还强调关注市场动态和客户需求，通过监督、改进、决策和管理，不断优化产品和服务的结构与内容，调整经营方向、经营目标、经营方针及经营策略，使经营组织不断调适以适应环境变化和发展要求，提高竞争力[4]。

2.1.5 经营与管理的区别

“经营”通常指管理和运营企业或组织的过程，以实现其目标并创造利润，具体包括制定战略、分配资源、制定营销策略、管理财务等方面。经营是管理职能的延伸与发展，在商品经济高度发达的市场经济条件下，经营更注重研究市场需要，着重开发适销产品，制定市场策略，实现价值增值，并更具调适的一面。

2011 年，中央党校成立了城市运营课题组，将城市运营定义为“政府和企业在充分认识城市资源基础上，运用政策、市场和法律的手段对城市资源进行整合、优化、创新而取得城市资源的增值和城市发展最大化的过程”。

经营和管理之间既有一致性，也有区别。管理是基础，经营结果代表管理水平。首先，管理是劳动社会化的产物，而经营则是商品经济的产物。其次，管理适用于一切组织和流程，而经营更适用于具有经济性的组织和行为。最后，管理旨在完善运作方式、提高作业效率，经营则以提高经济效益为出发点，筹划组织和运行过程。

从以上分析，我们可以看到“经营”具有全局性和长远性，强调过程性以及不断调适的能力，这都是经营理念指导城市设计工作，保障城市发展的长期性、稳定性和可持续性的印证。经营区别于管理，更适应市场需求，符合市场经济规律，亦贴合当前以商品经济为主导的发展诉求。

2.2 相关概念辨析

2.2.1 城市经营（城市运营）

城市经营（urban management），也称城市运营，曾经作为经济学的引申概念，引起宏观经济学与管理学领域的广泛讨论和关注。城市经营概念在国内理论界的大量出现大概发生在 21 世纪初，于 2014—2015 年达到讨论的高峰。城市政府是城市经营的主体，在市场经济的大背景下，政府通过市场化手段和理念，对城市资源进行整体发掘、利用和经营管理。这不仅仅是城市管理的一种方式，更是城市发展的一种新思路，代表了我国城市建设与管理的重要实践。

城市经营是指以城市政府为主导的多元经营主体根据城市功能对城市环境的要求，运用市场经济手段，对以公共资源为主体的各种可经营资源进行资本化的市场运作，以实现这些资源资本在容量、结构、秩序和功能上的最大化与最优化，从而实现城市建设投入和产出的良性循环、城市功能的提升，并促进城市社会、经济、环境的和谐可持续发展。

“经营”一词来源于宏观经济的概念，偏重经济效益的获得。狭义上，“经营”注重如何提升城市价值和竞争力，优化城市发展路径；广义上，则关注对构成城市空间、城市功能空间的一切资源进行集聚、重组和营运，实现资源在容量、结构、秩序和功能上的最大化与最优化[5]。

虽然这个概念一开始出现时并不局限于单纯的经济效益，而是希望全面地促进和提升城市的质量与品质，提升城市的综合竞争力，但是在之后推广和运用过程中，由于当时城市发展和认知有限，这个概念被局限地理解为城市建设资本投入和产出的利益实现，这甚至导致一种依赖土地出让的城市经济模式出现。

2.2.2　空间营造

空间营造（space construction）这个概念，最早发源于 19 世纪末 20 世纪初的欧洲艺术和设计领域。当时，一些艺术家和设计师开始关注如何通过改变室内或室外环境来创造出更加独特、舒适和实用的空间体验。在我国，武汉大学赵冰教授于 20 世纪 80 年代就倡导以空间营造为核心理念推动城市及城市规划的研究，提出“空间营造根本上是以自主协同、合情理的空间博弈为目标的意动叠痕”[6]。

而后，学者按照城市空间具体类型对营造进行了界定与研究，例如城市公共空间营造、乡村公共空间营造、文化空间营造等；通过建筑、景观、园林、室内等设计手段，在空间形态、氛围、情感与体验、场所精神等领域对设计营造方法加以解读。

各类空间营造具有趋同性，围绕具体的空间结构、空间形态与要素、空间生成动机与机制，探索其演变轨迹和内在动因，分析和理解城市与建筑的某类、某处空间的利用及美学特质。这是具象且具体的空间对象的物质形态生成、情感归属与美学机制。

2.2.3　城市经营与空间营造间亟须有效链接

自 21 世纪以来，城市经营理念进入国人视野，一直作为一个宏观经济管理与可持续发展领域的议题备受城市管理者的关注。空间营造则多集中于设计师群体的讨论，聚焦于对各类空间景观环境的设计，关注具象的物质形态生成和感官体验。

城市经营与空间营造都是城市发展过程的重要环节。城市经营从顶层设计上考虑和安排城市的管理与运营，包括城市规划、市政设施建设、环境保护、公共利益等多个方面。空间营造则面向城市管理和运营策略以及城市规划的实施和落实，研究具体建筑与空间对象的形态、使用、氛围和美学机制等。

城市经营与空间营造，在各自领域已经具备相当丰沛的研究成果。但在城市建设工作的实践中，由于行为主体的出发点和立场不同，思维模式和运作方式相对独立，因此城市经营和空间营造环节各自为政，相互之间缺乏链接。城市经营往往从城市管理者的宏观发展目标出发，更关注城市的经济效益和社会效益，而空间营造则更多地归结为设计师对城市美学价值和环境效益的实现。这种分割的局面导致城市经营和空间营造之间的信息不对称和资源不匹配，影响了城市的整体发展和竞争力。

借助经营理念，可以从宏观经济管理的角度去看待和实践城市建设工作。这是政府职能部门在理念上的突破和进步，是一种自上而下的运作与努力。城市设计坚持经营理念则是设计工作者深入理解和尊重现代城市发展与建设的实践需求，脚踏实地落实城市设计工作的工作思维模式，是一种自下而上的拼搏与争取。自上而下和自下而上的融合以及城市建设全过程的涵盖，是将国家发展大计与具体项目和地方需求有机结合的城市实践，可以有效保障城市设计“规－建－管”全过程的整体性和目标的一致性，以及建设管理系统的精细化，有助于形成有效且高效的城市建设工作体系。

在城市设计实践项目的运作中，我们更容易体会，城市设计作为城市建设的依据和目标，涉及城市具象的空间开发。其中，从城市经营的角度出发，基于城市运作和管理的需求，需要将建设预期或城市发展理想具体落实为可操作的手段和细则，而非单纯的图文内容；作为城市空间营造者，设计师在工作过程中，又需要准确把握城市经营和管理的目标方向并将其作为设计导向，而摒弃单方面从空间营造的美学角度解读城市发展。

以上就是我们提出“城市空间经营”这一理念的初衷，包括经营理念与运营思维的介入、管理上的诉求、复合型学科的发展，等等。我们期望将这些方面的思考与城市空间的营造连接起来，形成多维视角的城市设计观，进而促进城市设计的成果突破单一的物质空间局限，广泛适应多层次、多维度的城市发展诉求，同时做好空间资源的配置工作，全面提升城市建设的效益与效率。

2.2.4　空间经营与空间运营

过去，大部分西方学者习惯把与工厂联系在一起的有形产品的生产称为“production”或“manufacturing”，而将提供服务的活动称为“operations”。如今的趋势是将两者均称为“运营”。

空间经营（space management）和空间运营（space operations）是两个非常相似、互相关联但不完全相同的概念。“空间经营”通常是指对购物中心、商场、酒店等空间进行经营管理，以实现商业价值的提升；而“空间运营”则更侧重于对空间中的人群、活动、信息等进行运营和管理，以实现空间价值的提升和社会影响力的扩大。

在城市空间领域，“空间经营”是将城市空间结构作为一种资源进行开发，通过空间资源的运营，优化城市空间结构，创造更多的城市综合效益，实现投入和产出的良性循环[5]。城市设计是市场经济体制下对城市开发进行控制和引导的公共干预工具。在市场化、全球化、城市化和分权化的背景下，城市设计在实践中被赋予了“空间经营”的公共产品生产调控职能，发挥着重要的空间资源配置作用[7]。

“空间运营”则是指对某类型空间建成后实际使用和运营过程的计划、组织、实施和控制。从另一个角度来讲，“空间运营”应该为空间中的人群提供更好的服务并满足其需求；空间经营者还需要通过收集和分析空间中的信息，对空间产品与服务的系统进行设计、运行、评价和改进。因此，空间运营与城市设计发生的时间和阶段有一定的距离，不是本书讨论的重点。

2.3　“经营”理念落位城市设计工作

我们借用对“经营”五个方面的引申释义，对“城市空间经营”的涵义进行详细解读。

2.3.1　筹划营造

城市空间的筹划营造是指在城市设计的前期通过对城市进行整体规划、

用地分区等工作，筹谋城市的发展布局和空间形态。这是城市设计的基础，也是城市空间经营的重要环节。筹划营造是一个涉及城市规划、建筑设计、基础设施和公共服务等多个方面的综合性过程。城市空间筹划营造的对象具有多样性和复杂性特点。从宏观的城市布局和空间组织，到局部地段如公共中心、居住社区、步行街、城市广场、公园和建筑群，以及建筑单体和城市细部（包括标识系统、城市家具、灯光环境、场地铺装材料等），林林总总，涵盖广泛。营造工作更是涉及多个专业领域，如市政建设、建筑工程（包括旧建筑改造与再利用、建成环境评价等）、道路交通、园林设计、旅游开发、文化产业等。

营造行为的筹划，以理想的设计成果为目标，同时关注营造行为实施的过程性和关联效应。城市空间的筹划营造，除了力求营造出更加舒适、便捷、安全、可持续的城市生活环境，还需要注重城市空间的合理利用和维护管理，建立科学、完善的城市空间管理机制，提高城市空间的利用效率和管理水平。营造行为包括城市空间设计以及行政决策、法律规范、资本运作、组织管理和公众参与等一系列社会政治经济过程。故城市设计工作者不仅应研究“怎样做城市设计”，还应关注“怎样实施城市设计”[1]。

2.3.2 规划营治

城市空间的规划营治是指在保证公共利益的前提下，采取经营的思维和手段，对城市空间进行规划和治理的过程。城市空间的规划营治可以辅助城市建设者和管理者处理好理想与现实、整体与局部、持续发展与近期效益的关系，站在更长远和宏观的角度去审视城市的发展以及城市整体空间格局与秩序的营造。

美国都市更新时期的城市规划以失败经验提供了反面教材，仅考虑少数精英阶层的城市设计计划是不可能成功的。

城市空间的规划营治范围极广，几乎渗透到城市整体发展和城市生活的方方面面。从局部范围来说，空间经营不仅以美学为价值导向，还需考虑经济效率、社会公益以及长远发展，形成一个共同的、完整的价值观。从广域范围来看，空间经营不仅包括城市物质空间的设计，也包括城市无形资产的经营策划（信息交流、交通效率、教育的职能、人才的服务与吸引、金融与贸易、人际交往和社会活动，文化传承与特色保存等），促进城市的可持续和稳定发展，保证居民福祉。

城市空间的规划营治对于优化城市空间使用和布局、提高城市品质和居民生活质量有着重要的作用。

2.3.3 周旋往来

在城市空间经营中，周旋往来是一个非常重要的概念，它指的是不同利益主体之间的互动和协商。这些利益主体包括政府、企业、居民、承建单位、社区组织等，他们之间有不同的协作和竞争关系，呈现出不同的周旋往来特点。

①项目定位的周旋和往复。城市设计需要通过政府决策后进入市场运行，依靠市场调节才能付诸实现。在市场机制下，城市设计牵涉到诸多利益主体，如决策者、政府机构、开发商、金融机构、土地所有者和使用者、社区组织等。设计师需要具备“经营”的思维，正确把握城市设计的品质与城市需求之间的关联，分析和预判市场形势，在公共利益与经济效益的平衡之间求得城市设计的最佳效果。要重视开发成本与产出的效益比，开发主体的利益诉求；在“经营”的过程中协调各个利益主体之间的关系，全面调动各个利益主体的建设积极性，使设计得以实现；将运营需求前置，提前介入运营团队来消除设计蓝图与实际建成使用需求间的摩擦与错位[1]。另外，在实践中经常会碰到设计工作陷入僵持的局面。委托方对目标和整体项目运作方式不确定，会影响到设计的进展，甚至导致整个项目流产。此时，若城市设计工作者具备从项目定位到运作、运营整体发展进程的掌控力，给出更具体、全面、专业的投入产出预测和资本运作模式分析，就更容易掌握项目推进的主动权，避免无谓的徘徊和耽搁。

②设计方案的协商和调整。在周旋往来的过程中，各方之间需要进行有效的沟通和协商，比如听取各方的意见和建议，寻找共同的利益点，并在符合法律法规和城市规划要求的前提下制定合理的解决方案。同时，还需要建立有效机制来监督和评估项目进展情况，以确保项目能够按时按质完成。实

际工作中，城市设计项目与建筑设计项目不同，委托方在项目初期往往未能形成明确的建设目标，或者目标并不那么清晰，即使通过多方案竞标择选，推进过程仍然需要长期磨合，在摸索中逐步清晰。在此过程中，设计的总体思路常常从一个可能扩展为多个可能，设计单位就需要被动地演示多种可行性方案，以供委托方进行比较选择。而此过程很可能毫无头绪地反复多轮，仍然得不到一个令人满意的结果。这时，另一个设计主体又会提出其他创意，然后不断地触动委托方形成更多可能性的考量。说到底就是见到这个也不错，见到那个也不错，但是哪一个是最终抉择，要经过一个漫长的磋商过程才能定论。这一时期的设计工作强度大、时间长，工作量在调整、优化和试探中成倍地增长。而一旦目标和定位确定，具体的工作开展和方法落实却是按部就班、水到渠成的。

③与其他专业或部门之间的协作和协调。城市设计是一门复杂的具有艺术性和系统性的学科，需要考虑许多因素，如城市规划、建筑、交通、文化、环保等。在设计过程中，设计师需要与客户、业主、政府部门、专家和其他利益相关者进行周旋往来，以确保设计方案符合各方需求和期待。

总之，在城市空间经营中，周旋往来是重要的环节，不同利益主体通过相互之间的沟通、协作，逐渐达成一致的需求与期望[8]。周旋往来有利于建立相互信任的合作关系，提高决策和执行效率；有利于信息的共享与传递，促进城市空间建设工作的创新和发展。

2.3.4 艺术构思

城市空间经营中的艺术构思符合城市设计的美学属性。将艺术性融入城市规划和建设中，以创造具有美感和文化内涵的人性化城市环境，是设计师在制定城市设计方案时应有的审美和创意思路。

城市空间经营的艺术构思通常包括以下几个方面。

①空间的艺术性：注重空间的美感和艺术性，创造出具有视觉冲击力和独特魅力的城市空间。

②公共艺术：在公共场所设置雕塑、壁画、艺术装置等，营造城市的文化氛围和美感。

③建筑设计：通过设计建筑的外观、结构、色彩等，创造出具有艺术价值和特色的建筑。

④景观设计：在城市公园、广场、街道等地方设计具有艺术感的景观，如水景、花园、喷泉、城市家具等。

⑤灯光设计：在城市建筑物、广场等设置灯光，创造出独特的光影效果，增加城市的夜间美感。

⑥历史保护：对历史建筑、文化遗产进行修缮和保护，保留其历史价值和艺术特色。

⑦文化性：注重城市空间的文化内涵，通过创意设计突出城市的人文特色和历史底蕴。

⑧人性化：考虑城市空间的人性化，确保城市空间能够满足人们的各种需求，如安全感、舒适感、愉悦感、情感寄托等，注重氛围的营造。

艺术构思不仅可以美化城市环境，而且可以提高市民的文化素质和生活品质，促进城市经济的发展。满足人们的审美需求和情感依托，是城市空间经营的重要内容。同时还要注意的是，无论整体城市设计还是局部城市设计，设计师苦心经营的形式美感（如建筑形式、空间形态、艺术装置、色彩搭配、园艺景观等），讲究的是空间设计艺术、图案秩序、视觉效果及美学价值，而从经营的理念出发，城市设计的主要艺术目标则是营造城市特色。

2.3.5 经办管理

经办管理是指在规划和设计的基础上，通过实际实施和管理来完成城市空间经营的目标。它是整个城市空间经营过程的最后一环，也是最关键的一环。经办管理包括城市空间的建设、运营、维护、改造等，对城市空间进行全面、系统的管理和运营，确保城市空间的稳定和可持续发展[9]。

在经办管理中，需要注重以下几个方面。

①规范管理。城市空间经营要遵循一定的规范和标准，经办管理是指对城市空间进行全面、系统的规范管理，确保城市空间的合理性、规范性和安全性。

②创新管理。城市空间经营需要不断创新，经办管理要在规范管理的基础上，积极探索新的管理运作方式和方法[10]。

③协同管理。做好城市空间经营需要多个部门协同合作。经办管理要建立联动和协同机制，在工作过程中重视各部门之间的沟通协调，保障城市空间经营的整体性和协同性。

④信息化管理。城市空间经营需要掌握先进的信息化技术，借助专业信息化平台，实时监控城市空间的运营情况和变化，及时进行调整和优化，提高城市空间经营的效率和质量[11]。

总之，即使有对城市终极形态的完美设计，也要有过程管控的方法与手段，才能保证最终的城市建设效果。

2.4 “城市空间经营”是一种设计思维

2.4.1 秉持“盘家底”的自觉

“城市空间经营”是一种基于经营理念的城市设计思维，其中的首要内容就是秉持“盘家底”的自觉。城市设计工作者在规划、建设和管理城市空间时，必须从城市空间的本质属性和特征出发，遵循城市自身的内在规律和发展趋势，深入挖掘城市发展的潜在动力与资源禀赋，以“盘家底”的心态来对待城市空间的经营和管理[12]。

正因如此，设计师在拿到项目伊始，首先开展的工作就是现场调研，了解区位关系、用地条件、气候特征以及社会环境状况等。这些条件要素的调研、分析和统筹是整体设计工作的首要环节，绝不局限于程序化的基地踏勘与基础资料的搜集，还在于对项目可期的未来、具备的先决条件、可能受到的阻力的全面认知，以及对设计对象资源禀赋的最大挖掘与发挥。在如此“盘家底”之后，方能提出关于发展决策的建议。

“盘家底”就是要盘清项目的资源禀赋、利益诉求以及开展项目和实现目标的限制与困难。只有将这些项目底层条件——不论好的、坏的、有条件的，还是阻滞的、消极的、缺乏的，或是无从谈及优劣的、无关乎好坏的一一梳理清楚，形成对项目的通盘认知和考虑，才能使项目设计具备进一步推进的基本条件。

具体来说，城市设计应在以下几个方面秉持“盘家底”的自觉。

①对空间已有特质与特点的挖掘和放大。城市空间是一个通过漫长演变累积生成的特质化的物化表达，不应简单地对其空间特性进行归纳定位和随意创作，而要从已有表达中耐心寻找并挖掘有价值的历史和人文特色要素，归纳形成主题，再围绕这个主题展开一系列的叙事性设计，进而形成有归属感的、在地的城市空间形象。

②对城市空间资源禀赋的挖掘和利用。这里资源的含义非常广泛，包括通常意义上的物质性资源，如自然山水资源、土地资源、空间资源、交通资源、动植物资源等；还包括一些非物质实体的体验感资源，如气候资源、大漠戈壁和怪石嶙峋等独特景观资源，甚至是老旧街巷的烟火气，以及曾经的乡情与儿时记忆。这些都是可以突出城市特色、提升城市空间开发定位的资源。同时，项目条件中必然也存在不尽如人意之处，如常年降雨的气候、历史遗留的火车轨道、地质断裂带、陈旧破败的建筑外形等。这时就需要设计师发挥聪明才智，变不利为有利，将这些特质通过特定的设计手段变成空间的某种深刻记忆点。比如湖广一带的骑楼，原本是为了应对当地的多雨气候而建，后来却形成了街道空间独特的风貌意象，成为湖广地域的城市特色。再如历史遗留的火车轨道，最好的城市设计方法并不是将其作为不良景观要素简单移除，而是尽力保存要素中留存的记忆，留下历史的痕迹，并通过技术手段摒除废弃轨道对交通的不利影响，在景观和功能方面发挥创意，在使用上提供更多的可能性。可以从景观塑造角度强调废旧内燃机火车轨道场景的表达，摆放鲜艳的内燃机火车头和车厢，辅助绿色植物造景，使其成为城市中独特的个性景观；还可以增加附加功能，将火车车厢作为纪念品售卖店或咖啡甜品驿站，并在周边增加公共活动场地和必要的城市家具，锦上添花。

③城市设计需要投入大量的资源和资金，因此，在设计过程中需要考虑成本效益和可持续性。设计工作者需要了解当地的资本市场和投资环境，重

视项目成本控制与运作方式选择，在项目策划和实施中做出明智的决策。

④调研工作是“盘家底”的基本操作，也是城市设计工作的基本程序之一。调研内容是城市设计成果的重要组成部分，调研结论则是形成设计构思必不可少的依据。城市设计要保证生成每个设计或成果的前后关系有一条缜密的逻辑链，包含设计的由来和依据、由目的引发的一系列思考以及以目的为导向的成果生成。“盘家底”正是一切的开始和基础。

2.4.2 坚持效益原则，打破经济效益壁垒

“经营”一词本就离不开对效率和效益的追求，“城市空间经营”则着重关注城市效益。以往的设计师往往关注城市的物质空间建设，忽略了城市的经济效益和社会效益，而项目运作方单纯追求短期经济效益，又容易导致城市发展缺乏整体性和长远性。

经过长时间、快节奏的发展，我国的城市建设已逐步进入谨慎拓展、注重质量的发展时期，这就要求领导者、规划者、建设者以综合性、长远性和整体性效益为考量标准。

①综合性效益。从专业层面来思考，综合经济学、社会学、管理学、规划学、建筑学、人文学、美学甚至考古学等相关学科和专业，进行综合评定，协调各类需求之间的矛盾，平衡择优。

②长远性效益。以人类文明和民族文化发展的历史观为借鉴，从城市、区域甚至国家发展的宏观战略出发，考虑城市发展的长远规划和效益，摒弃局部和短视的即时性决策。

③整体性效益。以政府领导为指引，从全民的整体利益出发，避免少数群体对城市发展的干扰与驱策。城市建设应真正服务于人民，有助于实现公众参与和社会公平。

具体到城市设计工作，我们所讨论的不仅仅是单纯的经济效益和资金效率，而是一种人类持续发展、城市健康延续的具有综合性、长远性和整体性的效益系统。

（1）生态的效益

顺应当地的气候特征，利用好天然的山水资源，珍惜生态绿色植被和动物资源。当前的生态城市设计已经指明了许多方向，如低碳设计、循环利用、绿色能源、城市空间布局的生态方法，建筑布置的局部气候效应的利用，以及生物生境的保护等[13]。

（2）人文的效益

重要的历史文化资源包括传说与名人典故、民族风情与传统民俗民风、特产资源与社会习惯，无论物质的或非物质的，只要与人类发展有关的事物，都是城市风貌的重要内容与组成部分。历史文化资源是城市特色的重要支撑，需要城市设计从各个层面以多样的手法加以延续和突出。通过引导和渲染，可加强其留存在人们记忆中的印象，提升城市空间的人文特质。

（3）社会的效益

社会的效益主要以维护公共利益为原则，从城市社会生活的和谐与长远发展考虑。城市设计的受益方应是多元的主体，包括投资者、开发商和使用者[14]。城市设计应符合大多数人的整体利益与长远利益，还应体现对弱势群体的关爱，保证社会秩序的稳定。而在城市更新进程中，面对城市功能迭代带来的人口变迁问题，要全面平衡多方面的需求，避免由设计师或权力方主观决定。就此来说，当前北京、上海开展的社区规划师、建筑师进社区的模式不失为深入了解居民需求、鼓励公众参与、解决基层问题、提升人民幸福感的一种极好的方法。

（4）时间的效益

现代社会谈效益，离不开投入与产出问题，而其中时间是不可回避的关键变量。在实践中，任何一个城市设计项目都具有时效性，需要考虑时间价值。

一方面，要准确定位项目在城市发展中所处的阶段以及项目的目标与意义。例如，在城市空间发展成熟阶段，城市设计的主要内容是城市更新，首要任务是延续城市文脉精神；而在城市空间发展起始阶段，城市向边缘拓展，新区建设要体现城市的现代感与时代面貌。

另一方面，要把握项目本身的时间节奏，包括设计、审批和开工的时间协调问题，项目建设、运行和盈利的时间序列问题，以及项目自身分期建设和投资－回收－再投资的循环问题。虽然具体的经济账目会有专业部门处理，但设计师一定不能忽视对这一过程和内容的了解，这些问题在一定程度上将影响城市设计工作的方向和效果。当然，在实践工作中也常常遇到行政时效性问题，如领导班子换届、行政会议发布新的政策指令等，这些问题都有可能引起设计工作方向的调整。为此，设计师要有时间的敏感性。

（5）经济的效益

我们最后才谈经济的问题，是因为它是最直接、最具体的关联要素，也是必须在其他效益实现的前提下才具有讨论意义的效益内容。经济性不局限于单体项目的资金估算与投融资分析、项目运营与管理、循环与产出，还要放眼全局。

城市设计工作者需要从政府方和建设运营方两个主体的角度综合考虑并进行平衡，包括对城市或区域整体经济发展的引领导向和推动作用、城市产业关系的整体配置需求与远期展望、开发成本占当前城市总量开发的比重、开发代价与产出效益之间的价比情况、融资模式与资本循环、土地效益等。这些问题对不同主体来说，存在相异的权衡和抉择，设计师需要在设计工作中关注并平衡这些问题，为项目的健康发展提供保障和动力。

2.4.3 激发城市空间活力

城市空间经营是一种以经营理念为基础的城市设计思维，其核心在于激发城市空间活力。城市空间活力是指城市空间所拥有的生命力和创造力，是推动城市发展的重要力量。城市设计可以为激发城市活力提供有效手段。

在空间形象上，城市设计能美化和完善空间形象，增强空间吸引力，提升幸福体验感。人生来热爱自然和美好事物，所以整洁、美观、自然、亲切就成为城市空间营造的基本诉求。设计师从环境心理学角度出发，创造让人感到愉悦、安全、舒适的空间形式与尺度，塑造适合不同交流与互动需求的公共空间，营造易于亲近、绿色生态、生机勃勃的自然环境，打造新颖时尚、具有吸引力和竞争力的城市形象，并关注全龄需求和适用于残障人士的设计细节，有效提升城市空间活力。

在空间使用上，城市设计可以通过城市功能、人口分布和城市活力的相关数据进行演算，预测更为合理的、具有潜力的功能布局，通过改变城市空间的功能组织方式或运行序列，提供多样化的生活、工作和娱乐空间，提高城市空间的使用效率及活力，激发空间的组织力与引导力，甚至调动城市整体的生命力。

从城市发展的进程来说，由兴起到衰落是必然趋势。事实证明，通过城市设计对城市空间进行改造和改善，是阻断或延缓城市旧有空间衰落的有效方式，也是使其重新焕发活力的有效手段。当前，在城市更新即将成为我国城市发展的主要模式的时代背景下，城市设计的这一价值显得尤为突出。

2.5 “城市空间经营”的要素与内容

城市空间经营是一种新的城市设计思维，具有全局性、长远性、整体性等特点，涉及多维度的经济性、社会性和文化性思考与取舍。哈米德·胥瓦尼（Hamid Shirvani）在《都市设计程序》（*The Urban Design Process*）[15]中提出了城市设计的八个要素：

哈米德·胥瓦尼（1950—），美国著名建筑师、教育家、作家。著作有《都市设计程序》、《超越公共建筑：哈米德·胥瓦尼的设计评估策略》（*Beyond Public Architecture: Strategies for Design Evaluations by Hamid Shirvani*）、《城市设计评论：规划师指南》（*Urban Design Review: A Guide for Planners*）、《城市设计：综合参考》（*Urban Design: A Comprehensive Reference*）等。

①土地使用（land use）；

②建筑形式与体量（building form and massing）；

③流动与停车（circulation and parking）；

④人行步道（pedestrian ways）；

⑤开放空间（open space）；

⑥标志（signage）；

⑦保存维护（preservation）；

⑧活动支持（activity support）。

我们借鉴以上要素分类，总结和归纳了城市空间经营的主要内容，包括以下六个方面。

①物理空间体系。包括三维的功能布局和使用强度，具体有空间结构、

高度控制、视点视线控制、天际轮廓线、地形地貌、建筑形式、地标地景、城市（区域）入口处理等。

②交通效率体系。包括车行交通、轨道交通、步行系统、停车系统、城市慢跑系统、公共交通、标志标识系统等。

③公共利益体系。包括广场、公共绿地、滨水空间、步行街、街区公园、地下公共空间、室内公共空间、城市家具等。

④生态生境体系。包括自然山体与水体、自然林木、自然物种、自适应的生态群落和生态景观等。

⑤人文、历史资源体系。包括有形的历史建筑、历史场所和历史街区等，也包括无形的文化历史渊源、民风、民俗、名人事迹等。

⑥协调与管控体系。不仅要协调各方利益主体之间的关系、调动其建设积极性，还要加强过程管控，保障设计的贯彻落实。

2.6 发挥经营性思维在设计中的作用

城市空间经营性思维在城市设计工作中主要发挥以下作用。

①帮助设计师建立城市空间的公共产品意识，从城市发展的整体和长远利益出发，有意识地对这一公共产品进行生产调控，规划好重要的土地和空间资源，配置好公共空间及公用设施，优化城市空间布局与功能分布，提升空间环境品质，激发城市活力。在空间形式上实现美学的统一、效果的完善[16]。

②启发设计师加强对项目的深入探索和全程参与，分阶段、分步骤拆解，保证城市设计能够落地，全面掌控城市发展的动态过程，把握节奏、量入为出。引导设计师积极参与项目策划－规划设计－建设咨询－运营管理的全链条运行过程，提供综合性解决方案建议，保证城市设计项目实施的稳健性和可持续性。

③要求设计师重视研究地方发展规律及特点，确定城市及区域发展的动力内核，组织城市空间发展的逻辑系统，遵循运营规律，调动产业发展积极性。辅助城市建设者和管理者处理好理想与现实、整体与局部、持续发展与近期效益的关系，为城市的发展谋划一种有机的秩序，包括物质秩序、时间

秩序和社会秩序。

④设计师有意识地通过城市空间的资源性开发，实现综合效益的最佳优化，社会生活的有机协调。统筹复杂的政治、经济、社会关系和情绪情感问题，达到综合效益的平衡；提供多元化混合空间，创造更多具有包容性、自由度和留白的空间，关注快速发展进程中人的需求转变与空间的快速适应。实现集约发展、精明增长[16]。

2.7 经营策略在不同层级城市设计中的表达

国土空间规划背景下的城市设计要贯穿于城市规划的各阶段和各层次，实现城市规划的延伸与落地。城市空间经营可以在不同层级的城市设计中表达和发挥重要作用，包括总体规划层级的顶层设计、详细规划层级的空间运作与空间形象经营，以及实施层级的策划运营与管控指导。

2.7.1 城市战略和总体规划层级

城市设计要对各个层次的工作重点和工作内容进行界定，避免层次模糊、内容模糊、专业模糊的情况。一旦各层次中的工作内容出现混乱与交叉，会出现“该做的事情没得做”的情况，导致城市设计慢慢地浮于空中、无法实施，最终变成纸上的理念。

——段进院士在2020/2021中国城市规划年会上的报告《城市设计与城市更新》

在城市战略和总体规划层级，经营策略首先体现为对城市整体功能布局和空间关系的规划与统筹。以战略规划形式对城市空间发展方向、结构形态、发展时序做出安排，以实现城市资源的统筹配置和综合效益的最大化[17]。

例如，成都秉持得天独厚的自然资源进行公园城市建设的战略布局，依托自然山水建设城市“绿心”“绿肺”“绿脉”“绿环”“绿轴”，开展“百个公园”示范工程，创造丰富的可感可及的公共生态产品。成都在探索城市与自然和谐共生新实践、城市人民高品质生活新方式、城市经济高质量发展新模式、超大特大城市转型发展新路径等方面，积累了丰富的实践经验，实现了较好的城市建设效果[18]。

从改善城市的软硬环境出发，优化城市空间结构和空间形态，增强城市功能，提高城市品质，提升城市形象和知名度。目前的开展形式主要有城市双修、城市肌理修补、城市山水背景和人文基底维护等。

例如，南京市被称为“四大火炉”之一，南京市政府针对城市气候问题，加大生态环境改善投入，引长江水进城，改善河道水质，增加绿化面积，使绿化覆盖率达 40% 以上。实施这一系列措施后，南京市区夏天的平均气温逐年下降，甩掉了“四大火炉”的帽子。城市设计不仅改善了南京的城市自然环境，同时也增加了城市开发吸引力，促进了城市价值的提升。

2.7.2　具体地块与详细规划层级

详细规划层级涉及具体城市地块和空间的经营策略，主要任务是盘活现有城市土地、基础设施和其他资源存量，使其充分发挥资本增量与效益。这一层级的城市空间经营类型复杂，规模跨度范围大，城市设计内容和层次极为丰富，大致可以分为群体建筑空间设计、建筑单体与细部设计、环境景观设计、公共空间设计等[19]。

在群体建筑空间设计方面，经营策略主要通过项目建设协调区域功能组织、梳理交通、改善生态环境，以提升城市或局部地段的空间品质，提升土地价值，促进经济运行与发展。

在建筑单体与细部设计方面，可以采用多种手法，对建筑物的色彩、材料、形态等进行处理，使之与周边环境相协调，提升城市形象和品质；可以对城市道路、家具、照明等细部进行设计。例如，在城市道路的设计中，同时注重交通的流畅性和安全性以及道路的美观性和环保性。又如在城市照明的设计中，采用景观照明、建筑照明等照明手法，增强城市夜间的视觉效果和安全感。

在环境景观设计方面，重视生态多样性与可持续性，可以利用景观植物的多样性和变化性，打造具有较高观赏性和互动性的城市空间；还应挖掘人文、历史特色，把城市个性、城市文化作为重要的无形资产来经营。

在公共空间设计方面，注重公共空间的功能性、互动性和使用的多样性，建设富有创意和活力的城市居民休闲、社交的场所；关注多群体的需求，关怀老幼、残障群体，实现公共空间的和谐与包容。

2.7.3　城市管理与实施层级

经营理念运用于城市管理与实施层级，具有积极参与性和沟通性。

一方面，经营理念的核心思想是对城市资源进行合理配置和经营，特别是提高城市空间资源的利用效益与效率。在这一目标下，设计师力求参与设计项目的全过程，通过合理的节点控制与管控手段，对城市设计管控步骤与建设实施流程进行匹配，分阶段、分步骤全面掌控项目建设的动态过程，以保证城市设计的高质量呈现。这就需要设计师关注城市设计的实施传导及动态跟踪，丰富管控工具，细化管控要素，切实发挥对实施和管控行为的引导力与约束力。参与环节包括导则的制定、规划条件的拟定、招投标文件的编制、建筑方案的审查和报批，以及实施建设和咨询、跟踪管理、竣工验收、持续运营。

另一方面，经营理念在城市空间使用者、设计师、城市管理者和项目建设运作方之间建立起沟通的桥梁，使设计师能够更全面、长远地看待城市设计问题，把握城市管理者的诉求，同时也有利于设计师站在项目建设运作方的立场理解项目的市场化运作方式，以提供更具价值与合理性的策略和建议。例如，在城市设施建设中，应用BOT（build-operate-transfer，建设-经营-转让）模式，实现政府和企业的合作，共同建设城市基础设施，以降低政府负担，提高基础设施的建设质量和效率。设计师还可以在挖掘城市特色与文化内核的同时，提炼城市无形资产，提出价值转化建议。

出于经营策略对城市整体利益、全民利益和可持续性的关注，设计师应突破设计工作的范畴，扮演好沟通者、协调者的角色。例如，积极推进公众参与，深入基层，了解使用者的真实所需，实现真正的精细化设计；向公众传达政府政策，普及规划和设计理念，提升全民城市建设与管理素质；转达居民诉求，提出经济可行的解决方案与建议，提升城市建设与管理品质，实现社会和谐。

参考文献

[1] 余凌云, 王伟强. 经营城市——浅析当代城市设计的内涵 [J]. 城市规划汇刊, 2001(1): 46-49, 80.

[2] 中国社会科学院语言研究所. 词典编辑室现代汉语词典 [M]. 5 版. 北京: 商务印书馆, 2005.

[3] 姚柏舟. 旧词形融入新词义问题的研究 [D]. 上海: 复旦大学, 2004.

[4] 肖刚. 管理学的困境与出路 [C]// 中国管理现代化研究会. 第五届（2010）中国管理学年会——管理科学与工程分会场论文集. 2010: 14.

[5] 邵小东. 城市空间经营理论模式与实践策略——以西安为例 [D]. 西安: 西安建筑科技大学, 2004.

[6] 赵冰. 中国城市空间营造个案研究系列总序 [J]. 华中建筑, 2010, 28(12): 4-5.

[7] 苏平. 空间经营的困局——市场经济转型中的城市设计解读 [J]. 城市规划学刊, 2013, 208(3): 106-112.

[8] 朱子瑜, 李明. 全程化的城市设计服务模式思考——北川新县城城市设计实践 [J]. 城市规划, 2011, 35(S1): 54-60.

[9] 崔维. 新城镇经营理念下的空间公正路径研究 [D]. 西安: 西安外国语大学, 2016.

[10] 王兴中, 王立, 崔维, 等. 公正思潮下社会与空间价值统一的新区域经营理念——基于社会生活空间质量目标的构建 [J]. 创新, 2015, 9(4): 10-17, 44, 126.

[11] 史一峰. 基于城市规划视角下的唐山城市经营研究 [D]. 天津: 天津大学, 2012.

[12] 黄丹丹. 城市经营理念下对公共休憩空间的思考——以厦门为例 [J]. 福建建筑, 2009(9): 22-24, 31.

[13] 王世福, 刘联璧. 从廊道到全域——绿色城市设计引领下的城乡蓝绿空间网络构建 [J]. 风景园林, 2021, 28(8): 45-50.

[14] 边兰春, 陈明玉. 社会-空间关系视角下的城市设计转型思考 [J]. 城市规划学刊, 2018(1): 18-23.

[15] 胥瓦尼. 都市设计程序 [M]. 谢庆达, 译. 台北: 创兴出版社, 1990.

[16] 刘泓志. 公共空间资产化设计与市场化运营的技术路径探索 [J]. 新建筑, 2021(4): 4-10.

[17] 崔曙平. 转型期中国城市经营的系统化研究 [D]. 南京: 南京师范大学, 2009.

[18] 国家发展改革委. 有关负责人就三部委《关于印发成都建设践行新发展理念的公园城市示范区总体方案的通知》答记者问 [J]. 财经界, 2022, 616(9): 1-2.

[19] 龙骅娟. 基于统筹重点功能区建设的实施性规划编制体系重构 [C]// 面向高质量发展的空间治理——2020 中国城市规划年会论文集（13 规划实施与管理）. 2021: 890-898.

3 城市设计实践中的“城市空间经营”策略

本章挑选了浙江大学建筑设计研究院规划分院近年的近 20 个城市设计优秀实践案例，通过分门归类，深入浅出地佐证了城市设计领域的新兴理念与发展趋势；在对每个案例的设计策略与具体设计方法的详细分解与展示中，综合形成了一套逻辑清晰、结构体系完整、表述到位的城市设计方法。

3.1 城市设计在空间规划引导中的经营之道

城市设计所设定的城市空间发展预期对城市开发具有重要的导向作用。通过合理调控公共产品的类型、规模、选址、时序等生产要素，可以使其发挥“触媒”效应，推动城市复兴、带动城市建设、提高经济活力。

3.1.1 交通要素促动城市空间格局演变

对于现代城市，在一定程度上交通要素是城市发展的主导要素。在城市快速发展的时期，高铁站的建设、快速路的穿越，道路性质和等级的变化，均会不同程度地影响城市整体交通与区位关系架构，因此需要就此重新审视和排布城市发展的脉络与未来格局。在实践工作中，认识这些重要变量的主导作用，并通过“空间经营”的视角分析交通要素的作用和影响、预见城市空间的未来发展趋势、探寻城市发展的最佳路径和秩序、追求城市空间开发效率和效益的最大化，是当前城市设计可采取的一种有效思路。

高铁枢纽启动城市新区发展

淮安生态新城高铁新区核心区城市设计

项目概况

淮安生态文旅区北依主城区，南接淮安区古城，处于城市几何中心位置，占地 41.1 平方千米。根据市委、市政府提出的“十四五”期间将淮安打造成为“绿色高地、枢纽新城”的目标要求，生态文旅区将围绕“花园城市的示范区、枢纽门户的展示区、现代服务业的集聚区”新定位，坚持“绿色发展、产城融合、以民为本、创新驱动”四大发展战略。项目以近期拟开发重点地块为核心，划定重点城市设计范围约 3.79 平方千米，设计诉求如下：相关规划多而杂，需要有效整合；十年来，“住宅+学校”的开发模式已基本将现有核心区空间用尽，需向外拓展，但外围实际可用土地空间不多，潜在城市发展空间不足；产业发展动力不足，办公楼宇租售情况不理想，产业发展类型制约的问题需要破题；城市风貌精细化管控抓手不足，包括标识体系、色彩风貌、店招管线等，需要通过城市设计工作规范管理。

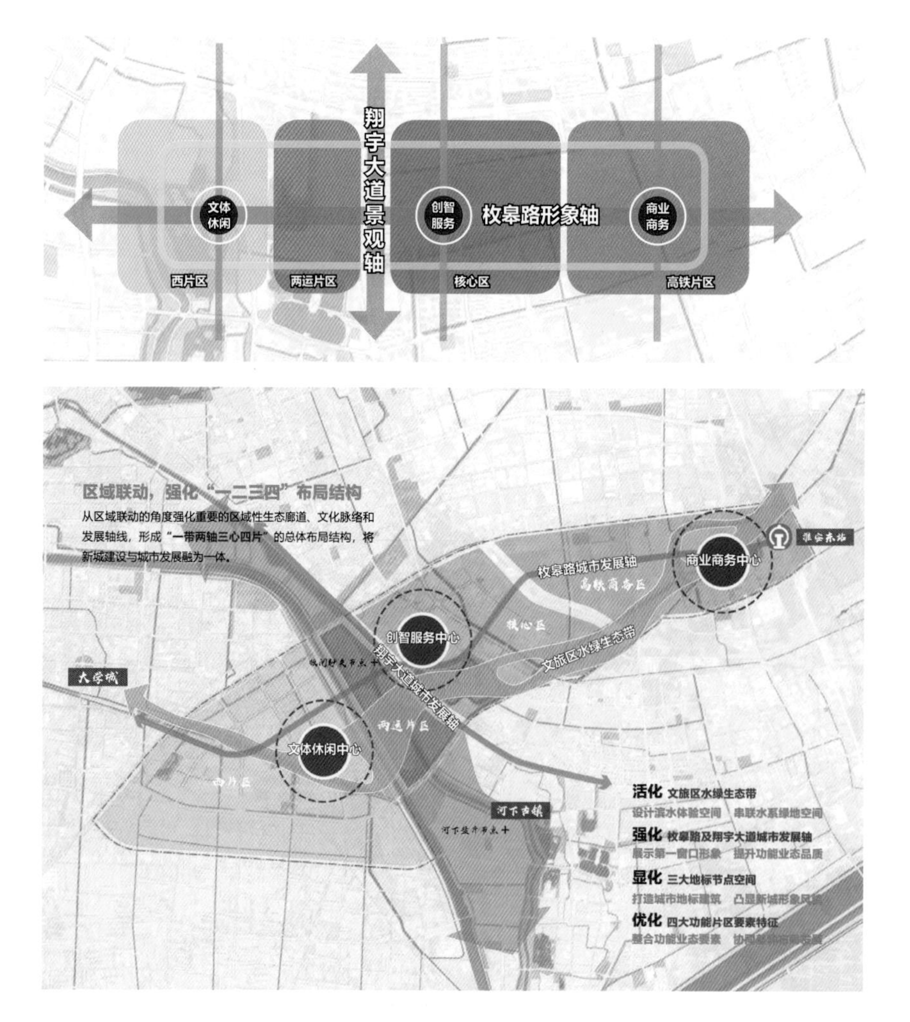

“一带两轴三心四片”的空间布局结构

“空间经营”主要策略

(1) 由高铁枢纽的启动效应，研判城市空间未来发展趋势

高铁枢纽的建成使用，引发了对城市原有南北向发展空间格局的重新思考，当前东西向空间割裂、松散，新区产业、空间和风貌亟待整合提升。城市空间结构与中轴景观廊道相结合，由高铁组团向西延展，在城市格局中楔入新生的空间，从区域联动的角度强化重要的区域性生态廊道、文化脉络和发展轴线，形成“一带两轴三心四片”的总体布局结构，与城市整体发展协同。

(2) 风貌管控

划定“国际风尚”“现代风范”“运河风情”“新淮风韵”四个特定风貌区，并分别对环境、建筑、公共艺术等具体要素进行技术引导，达成管控落实策略。

(3) 项目过程控制

通过规划衔接，做好用地整合和布局优化，为地方建设提供空间保障。

针对近期开发建设重点地块，通过城市设计手段，提供设计思路并做好指标测算，为后续土地出让提供依据。

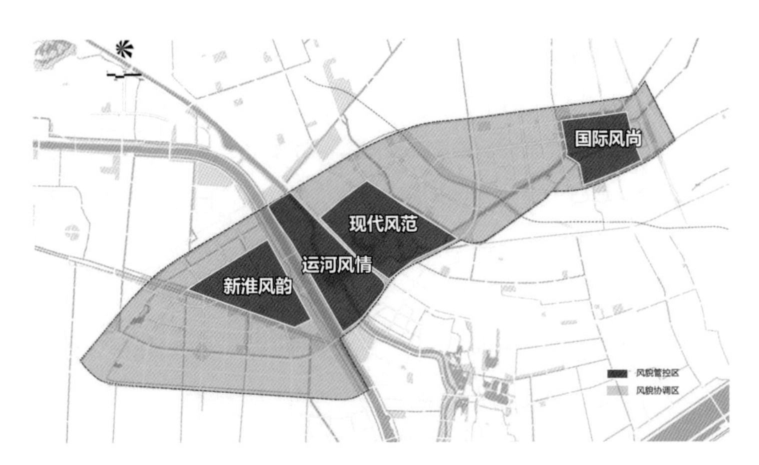

四大风貌主题片区

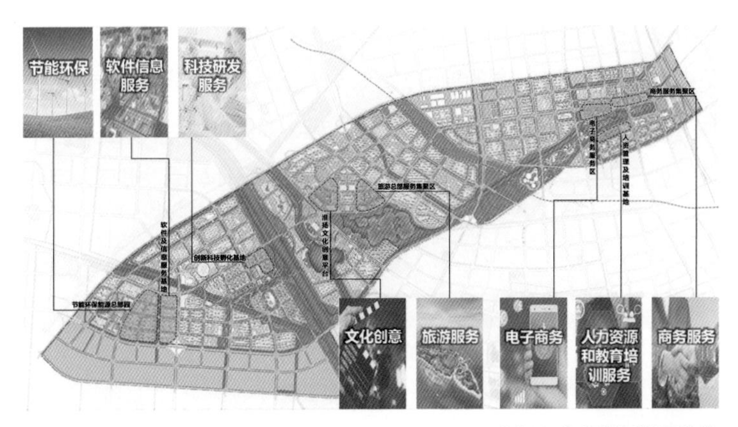

八大新兴产业空间格局优化

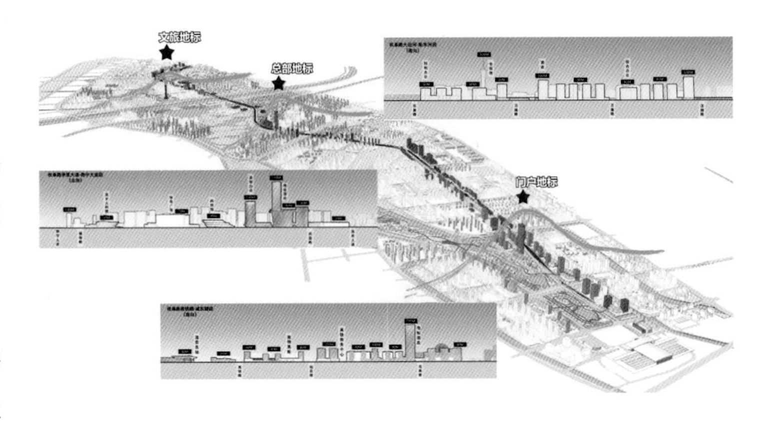

重要城市景观道路枚皋路的空间形态控制分析

通过编制城市设计导则和制定城市风貌管理办法，做好相关部门联动管理的部署，使城市设计成果得以贯彻落实。

项目目标不再是博人眼球、图面好看而不考虑运营效率的设计，同时甲方诉求也明确务实，一要解决实际问题，二要给出导则，切实指导具体工作。由此，本项目真实反映了城市设计承上启下的作用，设计团队通过“弹性的方案＋全要素导则＋管理办法”确保了城市设计的落地性。

（4）管控分级与行动引导实施相结合，保证设计的落实与实施效果

管控从整体结构和要素两个层面展开：在整体层面对生态文旅区的城市格局和风貌结构进行梳理、锚固和构建；基于不同现状和特质对不同地块形成特定的对标要求和设计指导。在高铁新区，依托产业规划展示窗口形象；在核心区，发展相对成熟，进行整合提升；在两运片区，强调水系生态保护；在西区，提出未来愿景设想。

行动引导的内容重点是梳理判别近期城市设计提升的重点行动：一方面，在设计策略、技术导则中针对近期重点制定更为深入的导则引导，解决近期行动的设计引导的技术问题；另一方面，在实施工作组织和过程上提出引导，针对由谁实施、如何实施、如何保障实施等实际问题提出建议和指引，将城市设计真正与政府、城市的近期工作重点进行铆接，落实城市设计意图，形成城市近期提升的纲领性指导文件。

淮安生态文旅区城市设计导则框架

一、引导管控目标

好用——传递有效		管用——说话算话	
规划控制	建设引导	接口有序	轻重有别
有明确的规划控制指标与要求，便于层层落实，以便衔接国土空间规划及控规编制	没有给出量化具体控制指标，而是简明扼要地对实施要点、环境风貌重点等方面给出建议	能够有效对接总规、控规及下位城市设计，建立能够落实总体设计要求的技术管控体系	重点管控的地区设计导则做到管控要求明确、管理体系严密。一般地区则实行通则式管理

二、引导管控的技术接口

城市设计要素库	包括空间、建筑、景观三大类、十中类、三十小类

三、引导管控的要素内容

格局塑造	风貌引导	公共中心	滨水空间	街道
高度政策分区 城市观景点 天际轮廓线	国际风尚 现代风范 运河风情 新淮风韵	高铁商务中心 创智服务中心 文体休闲中心	更开放、更可亲近的滨水空间 更宜人、更具活力的滨水空间	安全街道 活力街道 街道风貌

四、管理机制建议

构建城市设计编制管理	紧抓城市设计建设管理	加强城市设计审批管理
明确接口，加强城市设计纵向衔接 提前谋划，加强全过程规划管理	加强部门合作，建立全过程、常态化合作机制 细化技术导则，加强规划管理的权威性	构建联合审批决策机制 建立精细化管理平台

设计与管控系统框架

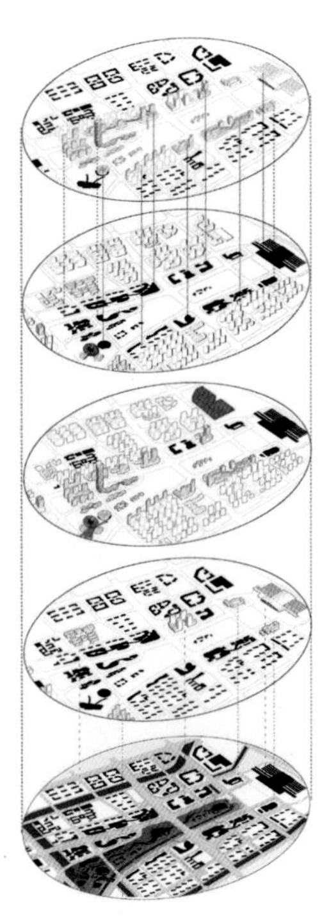

3 以淮安东站为起始点，重点设计站前公园周边核心地块建筑空间形态，特别是沿枚皋路两侧的城市空间，塑造淮安城市名片。

4 布局外围社区组团，补充完善现代服务功能，控制开发建设强度，延展天际轮廓形象。

5 形成全局空间布局方案，并做好远期重点地块的方案设计的预谋划。

2 梳理建设现状，衔接在建方案，谋划片区整体布局方案，区分划定核心城市空间与外围协调区域。

1 充分激发既有站前公园空间优势，丰富其业态与景观内容，同时通过连廊设计，加强公园与周边地块的联系，吸引和方便使用者前往。

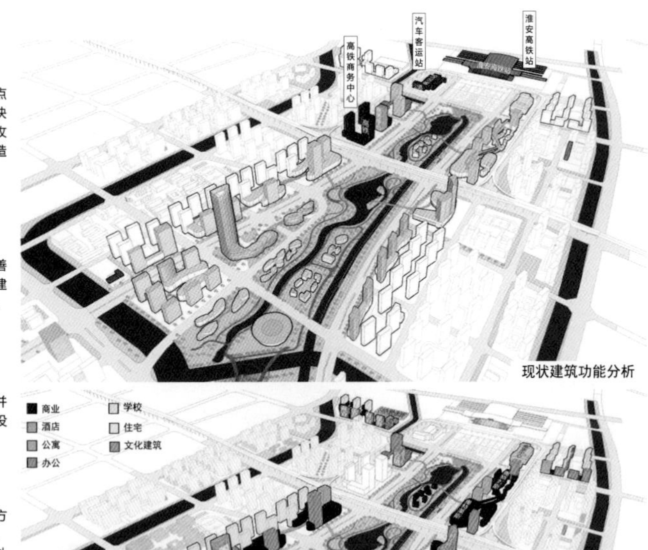

现状建筑功能分析

规划建筑功能分析

高铁商务客厅重点空间设计推演

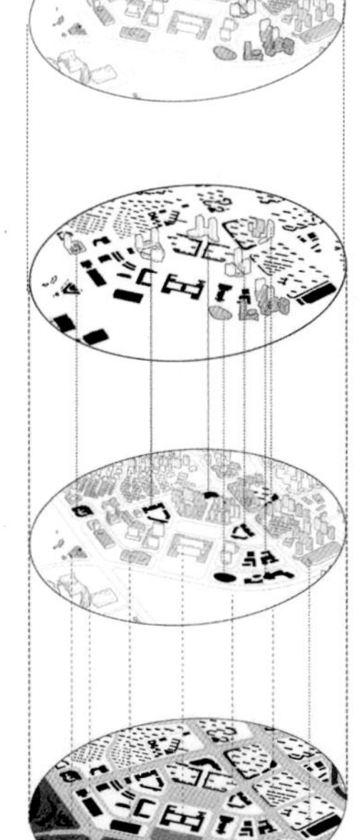

4 从区域整体上论证空间格局的合理性，特别是沿枚皋路和翔宇大道地景标识的塑造，彰显新城形象。

3 顺势而为，延续中轴对称的整体布局，通过空间补形、板点结合、竖向渐变等方式，对重点地块进行方案设计。

2 梳理建设现状，衔接水工科技馆、版闸遗址公园等重要方案，形成空间基地。

1 以森林公园、绿地广场及里运河沿线蓝绿空间为基底，保护好淮安的城市绿肺。

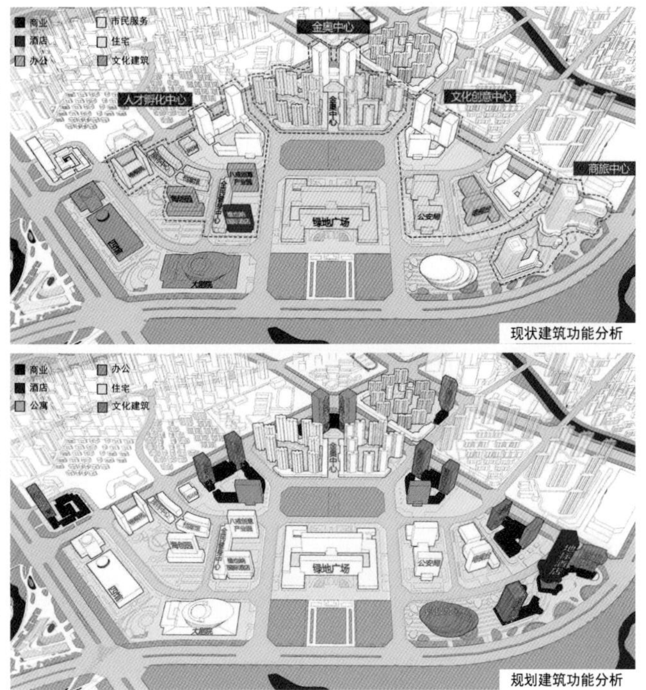

现状建筑功能分析

规划建筑功能分析

创智服务客厅重点空间设计推演

枚皋路沿线人视角城市效果

滨水休闲区人视角城市效果

森林公园望枚皋路人视角效果一

森林公园望枚皋路人视角效果二

高铁站——城市的门户

萍乡北站片区城市设计

项目概况

萍乡市作为转型中的资源枯竭型城市，位于湘赣边界节点，是江西省第二增长极新宜萍城镇群的核心，地理位置优越。铁路规划中，渝长厦铁路将在萍乡城区与沪昆高铁共用廊道，并与沪昆高铁在萍乡北站并站，萍乡北站将成为江西又一重要枢纽。城市设计范围约 5.57 平方千米，项目要求对片区发展进行定位，对功能业态进行研究与策划；完成北片区用地布局规划及建筑总平面布置，并对站房及站前广场周边用地进行景观设计、建筑形态等内容的方案深化；对北片区功能分区、交通组织、绿化景观、市政配套、公共服务设施配套、建筑高度控制、开发强度控制等内容进行规划和引导，提出分期实施、投资估算与收益平衡的建议。

“空间经营”主要策略

基于高铁站的设立背景，构建区块产业发展体系，确立发展定位，确定产业联动与服务完善的宗旨，并以此推导城市空间布局。

设计立足于打造旅客进入上栗的“第一印象”，利用站前区良好的自然生态环境，以现代化的形象、较高的品质、完善的服务，展现上栗的自然风貌特征和地区精神，树立上栗门户新形象。

核心区总平面图

利用山体谷地，保留正对萍乡高铁站的原有丘陵山体，将其打造为规划地块中轴，构建控制总体结构的绿轴廊道和生态背景，营造共享的绿色休闲核心。通过整体的空间结构梳理，促进上栗县整体城市结构提升。

促进城站融合，提高交通效率和公共服务能力，提升城市形象。促进城市旅游资源开发与品质提升，实现流量变现。

高铁站房主体两侧的综合商业在室内外设计时贯彻“流动”的设计理念。在三维形体设计上，使外形体量流畅而连续，同时尽量保持室内空间的连续性；在室内空间设计上，通过设置连续的平台增加可使用面积，同时提供不同空间视觉效果的功能使用划分，融合商业购物、休闲餐饮、文化展示、产品体验等综合业态，形成无隔断式综合业态空间。

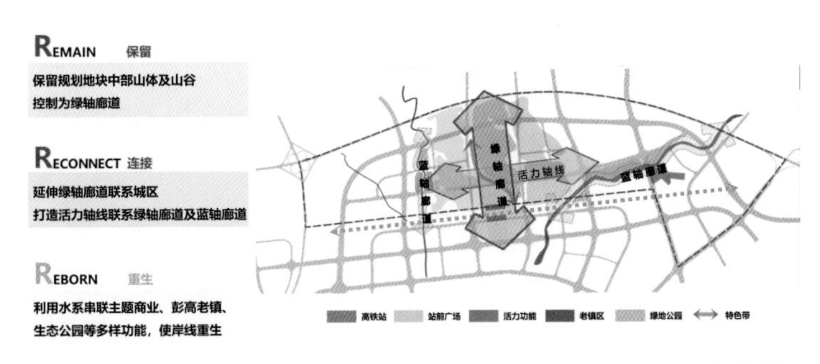

规划策略

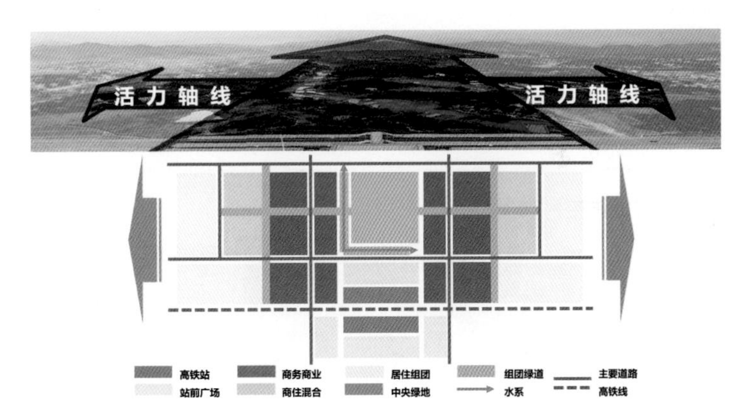

规划结构

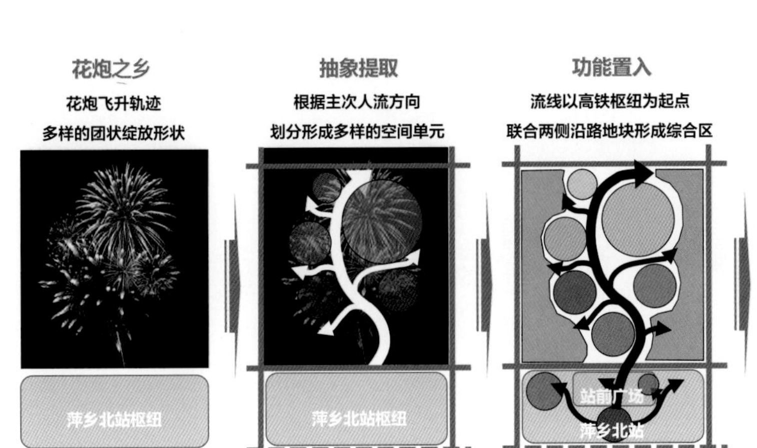

形态要素提取

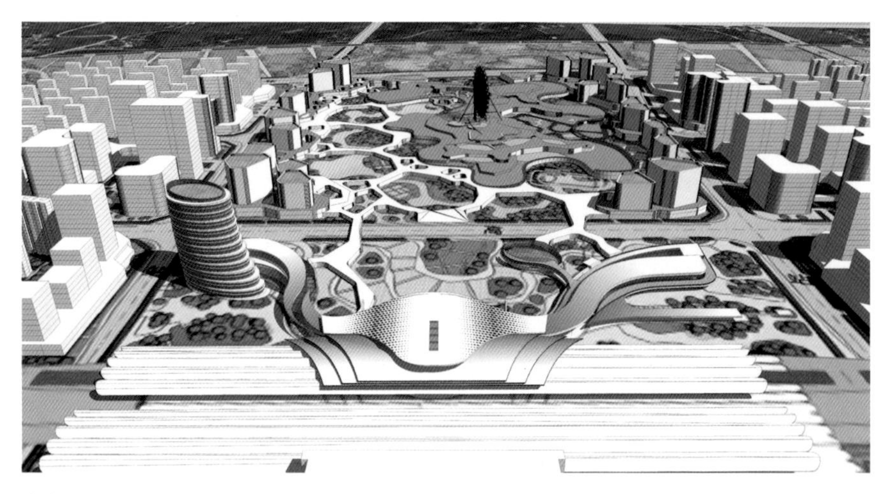

生态广场与高铁站场形象设计

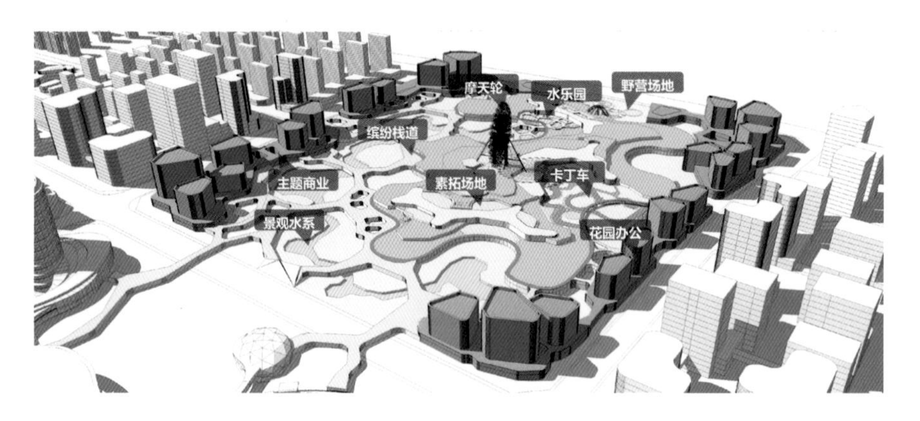

休闲服务核心功能要素分析

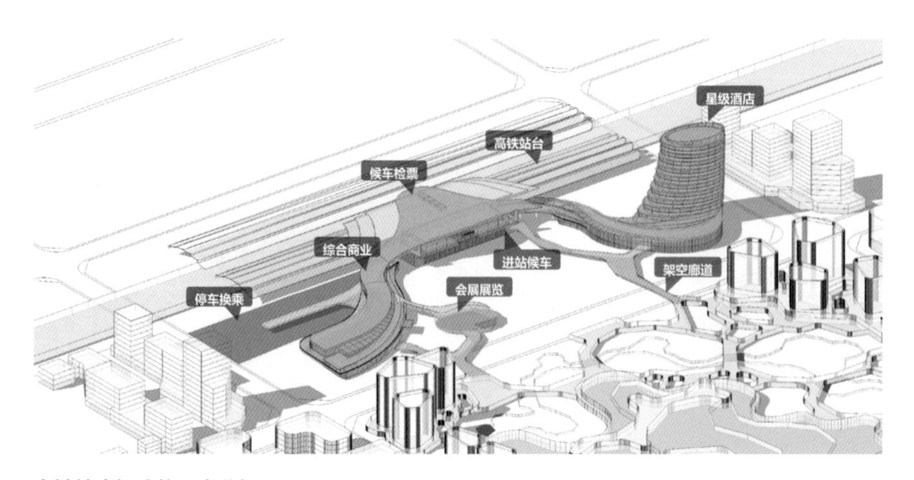

高铁站广场功能要素分析

站房方案一效果

地块核心区鸟瞰夜景效果

山城之门
太平之门
人文之门
01
02
03
04
05
06
07
08
09

国道串联起五朵金花

温岭城南 G228 国道沿线区块城市设计

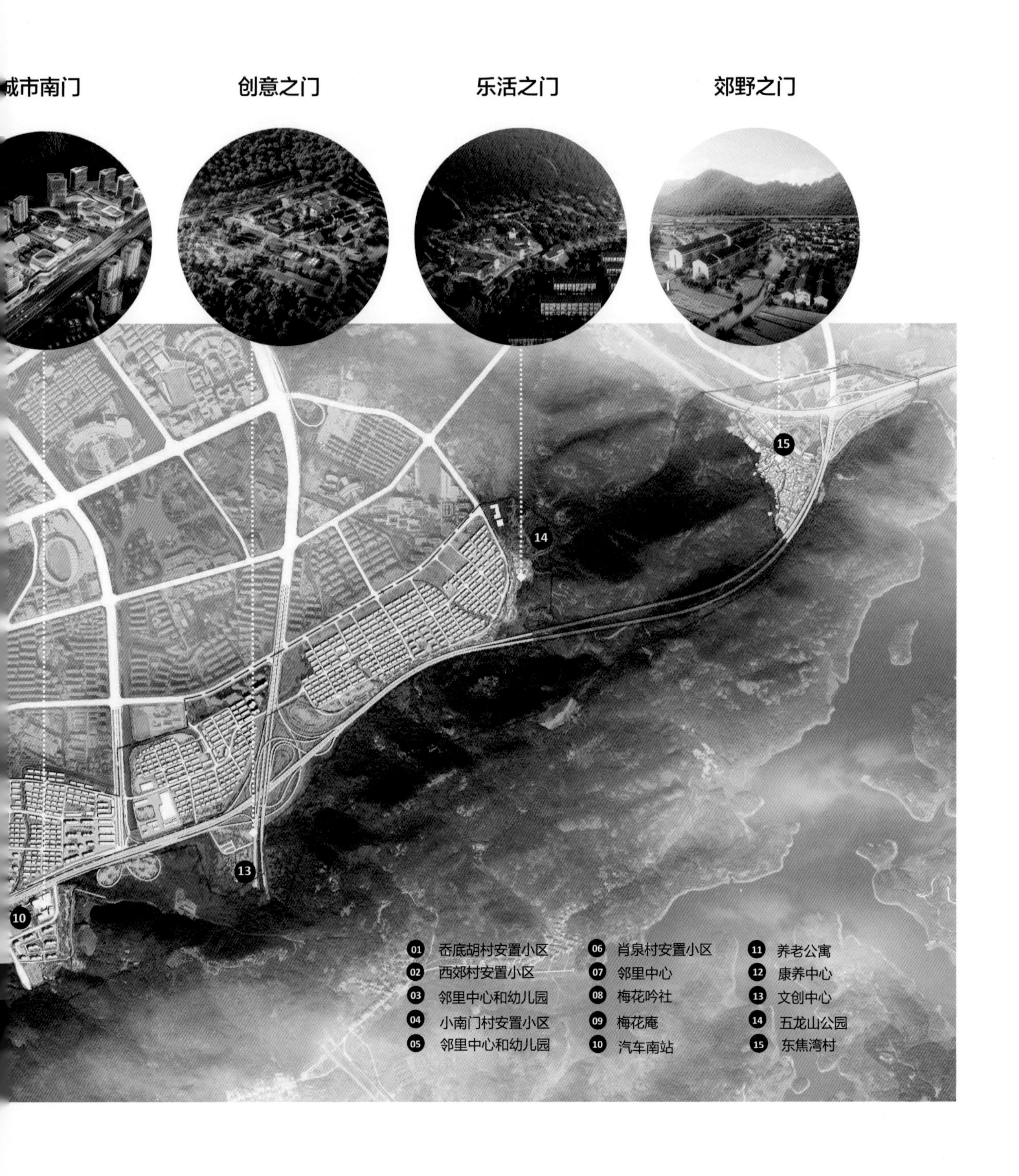

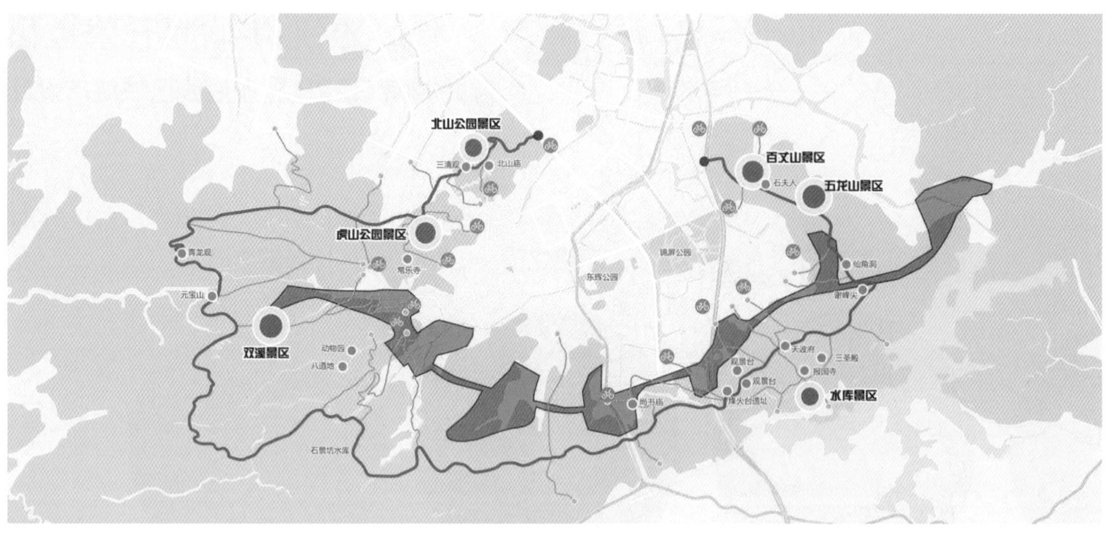

基地区位

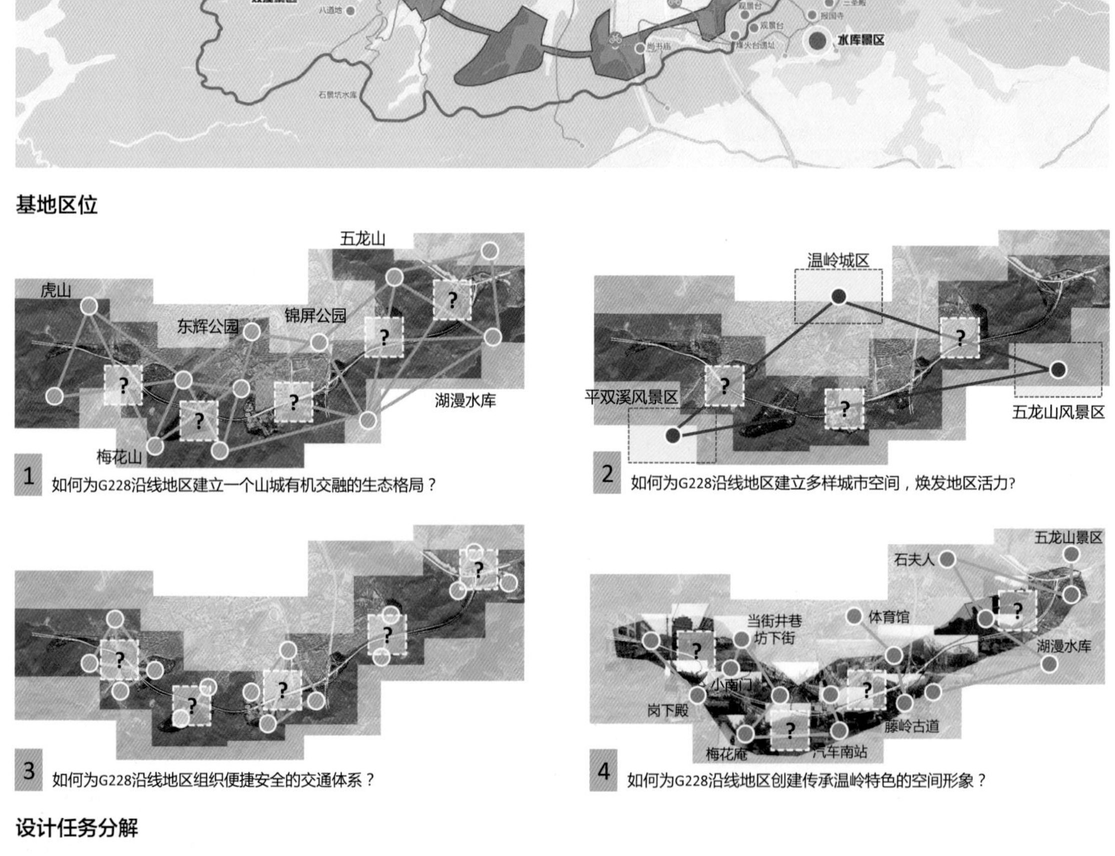

设计任务分解

项目概况

G228 国道是温岭市主城区的南侧边界，处于城市与自然融合的过渡地带，是重要的生态边界。G228 国道串联起沿途多个村庄，沿线地区承载着温岭所剩不多的老城记忆，也是最能体现传统温岭生活风貌的地区。因此，G228 沿线地区的重新规划，对于城市的生态价值以及公共生活价值的维护显得尤为重要与迫切。项目用地西至梅岭路，东至焦湾村的G228 国道沿线区块，规划范围总面积约 26 平方千米，研究范围总面积约 193 平方千米。

“空间经营”主要策略

探索城市与山体的有机交融方式；

重新焕发城市边缘地区的活力与魅力；

科学处理国道与城市交通的衔接关系；

塑造各具特色又协调统一的城市门户形象。

功能分布与有效组织

（1）生态、景观、生活、文化四种主要功能交织叠加

规划区现处主城区边缘地带，以村庄居住和传统低效工业为主；服务设施数量较少、质量不高；工业包括机械、金属、材料、电气等门类，整体呈现小而散的特点。现有功能已无法适应未来城市发展需求，亟须通过更新完善和健全区块功能配置，形成复合多样的国道沿线空间。

（2）利用城市更新预留的空间及现有闲置空间，填补城市所需功能

原有土地利用粗放，建设范围分布零散无序、风貌不佳。工业较为低端，建筑杂乱破旧；传统建筑保护和利用不足，周边环境有待改善。设计利用余留用地和闲置空间，以填补的手段整合城市空间资源，实现城市边缘区的空间融合，提升空间环境品质，创造小而精的活动空间。

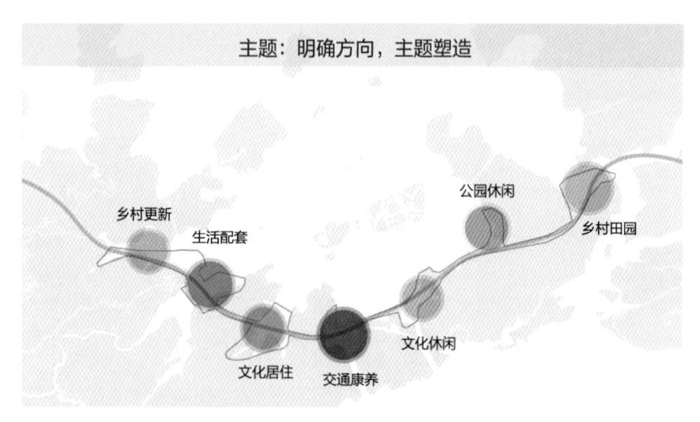

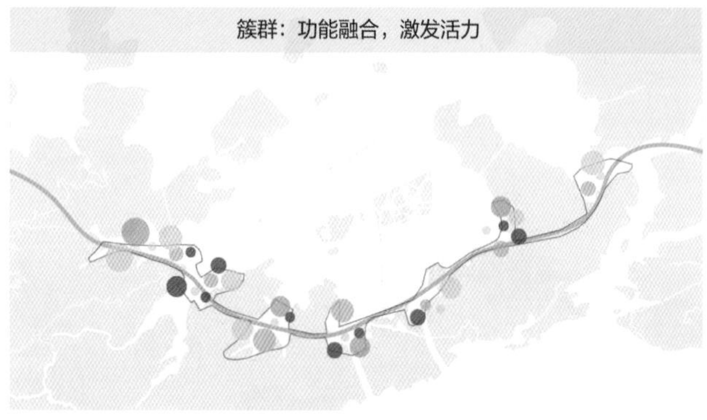

设计构思

（3）风貌分段引导

设计将G228国道沿线分为“起”“承”“转”“延”“合”五个风貌段，并结合不同区段的自然与历史资源、现状特征确定景观风貌。

起：岙底胡－西郊－小南门段，依托老城太平县的历史底蕴，塑造具有历史文化气息的新时代风貌。

承：肖泉段，重点突出花山诗派的文化底蕴，塑造文艺的中式风貌。

转：汽车南站区块，承载重要城市服务功能，打造活力、繁华的现代城市风貌。

延：后应－屏下－藤岭脚段，靠山一侧打造山水景观，面向新城一侧打造村庄景观，展示温岭的新农村建设风貌。

合：东焦湾段，保留村庄原有肌理和田园大地景观，对村庄和田园景观进行美化改造，形成具有本地特色的郊野乡村。

（4）加强交通衔接与慢行系统营造

桥下空间利用引导：结合周边片区特色功能，在G228国道高架桥沿线布置小型停留性空间场所，增加步行、骑行空间的丰富程度及趣味性。

慢行驿站：结合环山绿道出入口设置 13 个慢行驿站，提供自行车租赁、休憩、零售等服务。

休闲设施：结合环状慢行路径，设置各种休闲服务设施，包括观景平台、儿童玩乐设施、健身设施等，为人群娱乐和逗留提供场所。

(5) 传统元素提取，延续城市文脉

在建筑设计中，采用新老结合的设计思路，在建筑样式、材质和色彩三个方面融入传统文化元素。在景观设计中，强化传统文化的表达，公园绿地景观、景观构筑物、整体景观风格采用偏传统的设计风格，避免欧式设计风格，添加传统文化元素。

同时明确重点展示区域，将汽车南站、岙底杨溪两侧、滕岭脚区块、梅花庵区块、环山绿道入口节点、门户节点作为重点展示区域。

打造注入城市文脉的空间名片

西郊南门

花山肖泉

城市枢纽

总体鸟瞰

城市发展大动脉的空间形象塑造

义乌市国贸大道两侧城市设计

项目概况

为落实城市设计试点工作要求、建立城市设计管理制度，完善城市治理体系、提高城市精细化管理水平，义乌市实施了一系列城市风貌提升和管控举措。国贸大道作为贯穿义乌南北的重要城市干道，既是城市发展的主动脉，又是城市形象的门户标志，更是城市功能联系的大纽带。项目委托方要求：通过本轮设计协调城市快速交通、功能更新和景观形象的关系，对标世界级伟大街道、建设世界小商品之都。

基地位于义乌中心城区福田街道内，西侧为幸福湖公园，东侧为国际商贸城，北侧为苏溪镇方向，南侧为义乌老城区、义乌江方向。设计范围北至环城北路、南至城北路、西至西城北路、东至春风大道－稠州北路，总长度约 6.3 千米，面积约 9.72 平方千米。设计研究范围为国贸大道环城路以内两侧一个路网范围内，长度约 14.56 千米，面积约 17.66 平方千米。

国贸大道见证了义乌城市空间发展的历史。20 世纪 80 年代，浙赣铁路穿城而过，城市空间雏形绕绣湖而生；90 年代，浙赣铁路外迁至城外，城市空间拓展至东阳江南岸；21 世纪以来，国贸大道建成通车，城市空间“一主三副”格局形成；依据义乌城市规划，到 2035 年金义东轻轨主线建成，金义一体化全面发展。

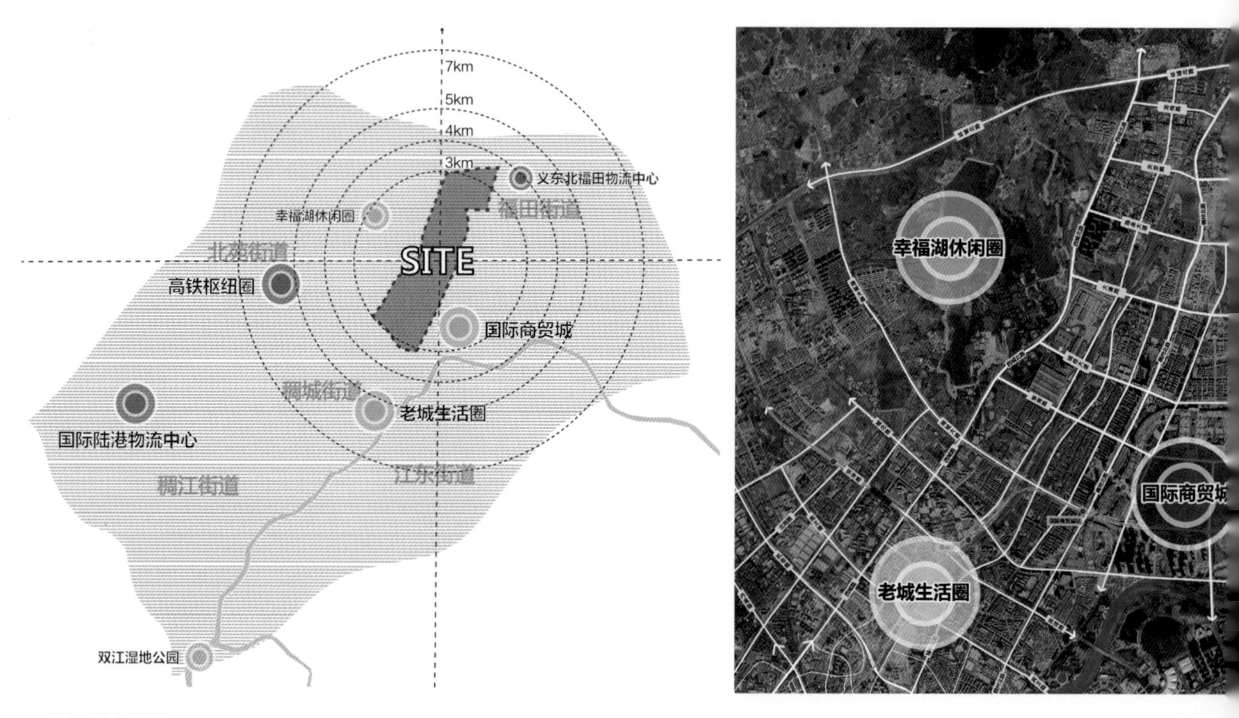

空间基底条件

“空间经营”主要策略

义乌国贸大道作为义乌城市发展的脊梁，对标世界级的伟大街道，成为展示国际商贸名城的新名片。应从“主要重视机动车通行”向“全面关注人的交流和生活方式”转变，从“道路红线管控”向“街道空间管控”转变，从“工程性设计”向“整体空间环境设计”转变，从“强调交通功能”向“促进城市街区发展”转变，实现从“道路”到“街道”的全面提升。

（1）调研现状，研判义乌需要什么

义乌，一座建在市场上的城市，已从 1982 年之前的小县城发展成为至今全球最大的小商品集散中心，“世界第一大市场”“小商品海洋、购物者天堂”已成为义乌的代名词。现在，义乌正经历城市发展的第三阶段，即为实现“世界小商品之都”目标的“国际商贸城+三大新区”阶段，发展重点在于链接全球城市、促进商贸产业升级。世界级的市场规模已经能够带动当地金融、休闲娱乐、陆港物流等生产型服务业和消费型服务业的综合发展，形成复合型新区。建成区面积增至 130 平方千米，以外围高快速环线为边界，城市形成多级多元中心，以绣湖和福田中央商务区（CBD）为市级双中心，以宾王和万达为特色中心，空间肌理朝着大体量、大高层、大绿地的方向演变。

伴随义乌城市的建设发展，铁路外迁、绕城高速建设，国贸大道从以承担过境交通为主的省道逐渐转型成为连接城市各个主要功能区的快速路。而金义东城际轨道交通主线义乌段依托国贸大道、商城大道和宗泽北路建设，国贸大道沿线地区将实施以公共交通为导向的开发（TOD），轻轨线承担了更多的区域通勤交通职能，为沿线地区开发带来新契机。

国贸大道两侧的建设发展是义乌城市建设发展的缩影，沿国贸大道可以眺望城市重要的地标节点，展现了义乌国际商贸名城的风貌形象。国贸大道串联起商贸区、老城区、经开区三大片区，布局了新型产业用地、商住用地、商业商务用地等多种城市用地类型，是城市发展战略的重要功能纽带。

STEP1 织绿网
以国贸大道为绿脉，两侧形成贯穿南北的公园绿廊，依托现有景观资源，构建四大景观核心和多个景观节点，以点串线，构建区域生态网络。

STEP2 谋产业
依托义乌港和荷叶塘工业园，壮大区域的物流产业。通过功能的置换，将荷叶塘区块打造为以信息化物流仓储和企业办公功能为主的工业园。

STEP3 齐配套
以涌金公共服务轴和商城公共服务轴为纽带，以荷叶塘服务中心和福田服务中心为核心，构建完善的教育、医疗、运动等配套服务体系。

STEP4 塑形象
通过功能置换，将荷叶塘区块部分用地调整为商业办公用地，形成荷叶塘片区核心。同时在幸福湖东岸形成区域核心，塑造国贸大道两侧制高点形象。

STEP5 强管控
通过对片区容积率、建筑高度等的控制，严格把控区域的土地开发强度和整体风貌形象，为下一步土地出让做好引导工作。

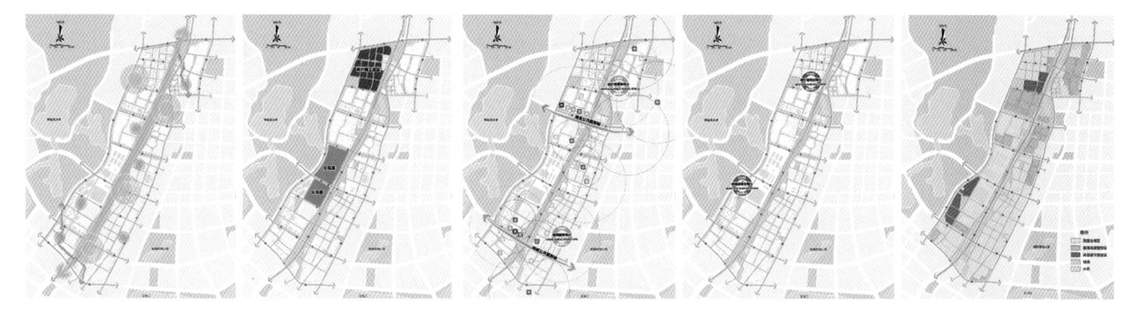

城市设计五大内容

产业服务区

利用工业园区有机更新的契机，布局产业服务和商务办公等功能，服务产业提升和转型需求，并使国贸大道沿线风貌得到有效改善，增强门户空间识别性。

公共服务轴

利用工业转型发展的契机，布局低空间的公共服务轴，将十五分钟生活圈所需的各项配套布局于轴线上，便于利用并形成高低错落的城市天际线形象。

活力商业区

将幸福湖绿肺区资金平衡地块建设成活力商业区，并配套 LOFT 办公、创客空间及名品商业、主题酒店等功能，并结合生活圈设施的布局，提升片区活力。

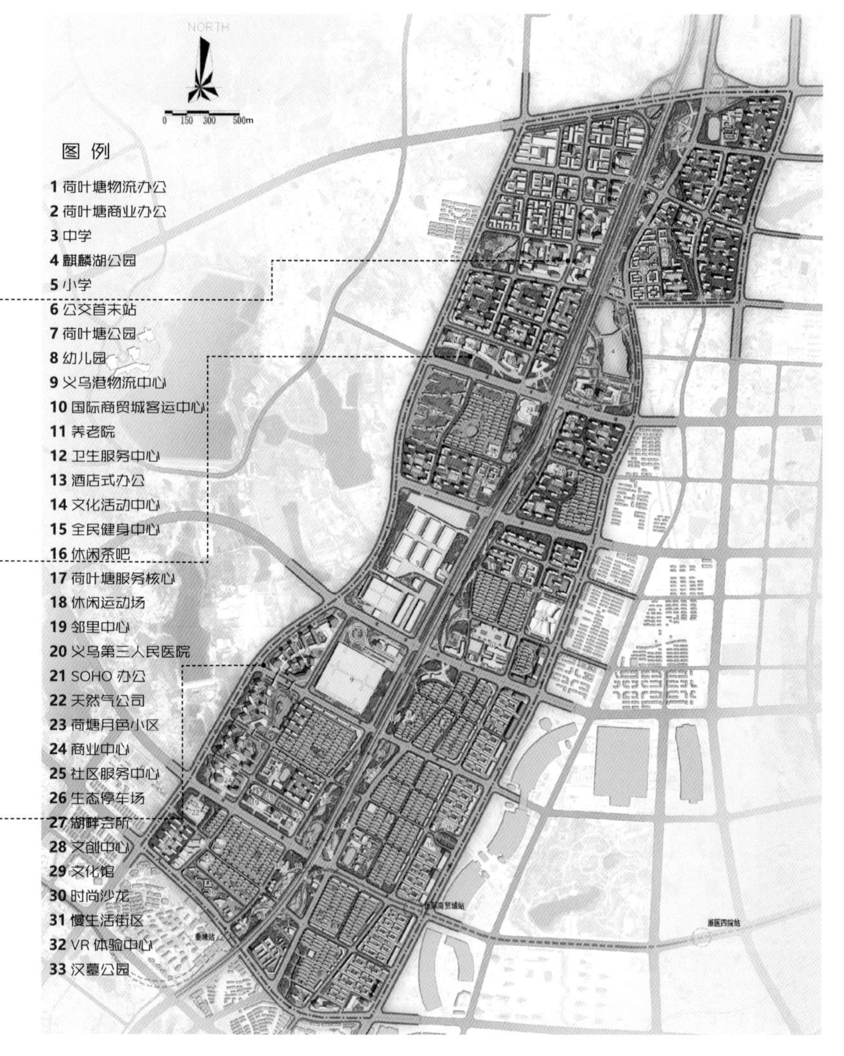

总平面布局

（2）明确城市发展需求，确立目标定位

工业转型发展。做好小微企业园区创建、商贸服务产业转型，引导新经济业态的发展，鼓励禁止改扩建地区的功能业态更新，向创新型产业办公及国际商贸服务等方向发展，并形成功能复合的城区。

立体交通组织。落实综合交通规划等各专项规划对国贸大道及周边道路的建设和调整要求，并结合用地布局进行调整，完善立体交通组织，做好地面道路、高架道路、上下匝道及城市立交等的衔接。

未来社区营建。改善社区环境，完善社区配套服务功能，按照义乌市邻里中心建设办法测算人口及设施规模，利用存量空间落实配套工作。另外，对居住地块内现存的工业企业混杂的情况进行整治引导，对社区立面风貌进行提升改造。

生态景观引入。根据总体城市设计及相关规划要求，注重区域内自然生态和历史人文景观的协调融合，管控高层、超高层建筑的比例，做好城市景观与生态景观的互动，维护必要的生态空间和景观廊道。

活力商业氛围。利用幸福湖东岸地块布局商业商务功能，打造城市级别的CBD，补充福田地区缺少的24小时活力功能，同时，在机场控高的前提下做好城市形象的提升，协同秦塘地铁站实现TOD模式发展。

设立目标愿景：

多元共融之地——彰显时代风采的国际化都市形象；

智慧共创之地——倡导跨界包容的创新型产业空间；

活力共赢之地——承载复合功能的体验式商业中心；

幸福共享之地——塑造品质高端的未来型宜居家园。

引领

城市发展的大动脉

11个 主干道交叉口
5对 主要上下匝道
7个 轨道交通站点
高峰小时交通量可达 1500pcu/h
高峰小时饱和度 80% 以上

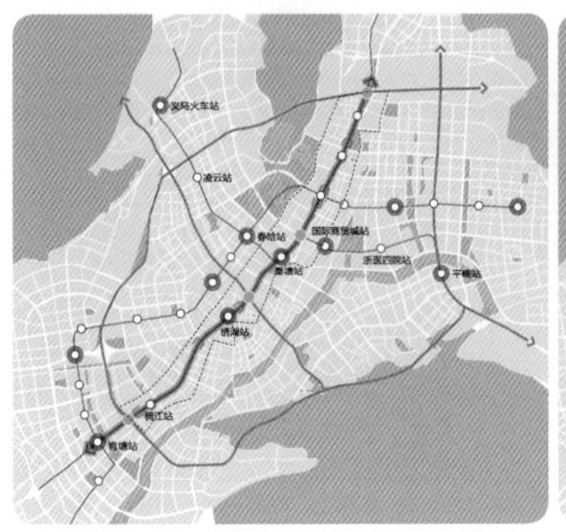

展示

城市形象的大门户

全长 14.56千米
串联 7 个 重要的城市形象地标
拼贴 4 段 特色的城市风貌界面
展示 3 个 重要的城市发展阶段

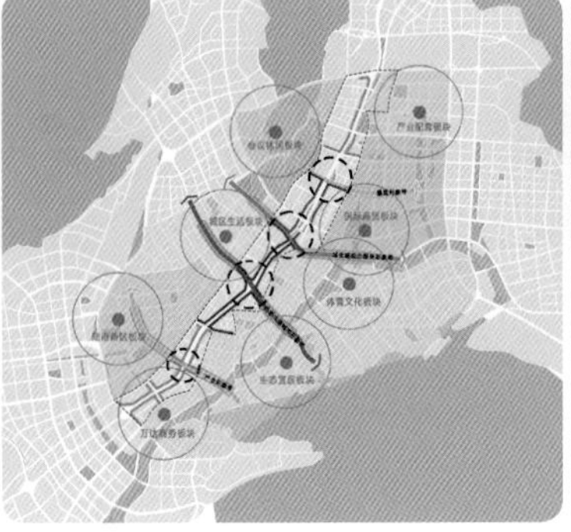

耦合

城市功能的大纽带

途经 3 大 重要的城市功能片区
布局 5 类 主要的城市用地类型
有机更新 和 城市双修 的核心空间

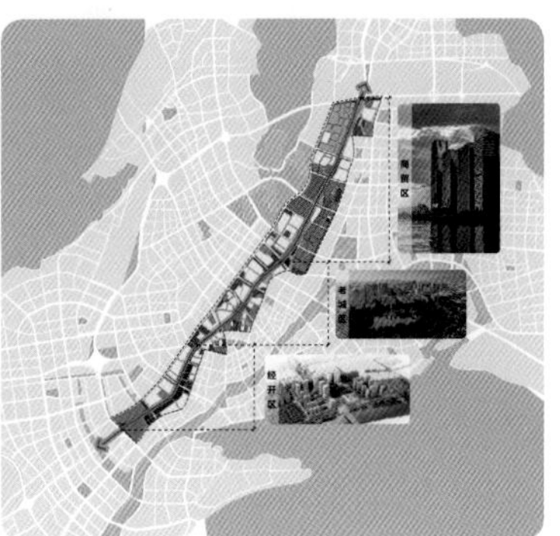

城市经营

道路 PATH	边界 EDGE	区域 DISTRICT	节点 NODE	地标 LANDMARK

· 快速路割裂了山水与城市	· 西城北路沿线与幸福湖未联系	· 荷叶塘工业区亟待有机更新	· 以交通节点为视线的出发点	· 延续现有地标建筑的识别性
· 主干道隔离了生产与生活	· 稠州北路沿线与商贸城紧依托	· 义乌港物流区尚可提升价值	· 以生活节点为要素的汇聚点	· 规划具有未来感的城市地标
· 次支路尚未形成连贯体系	· 国贸大道两侧绿地景观需强化	· 新社区集聚区确需完善配套	· 提升该地区本身的可识别性	· 弱化荷塘月色的视线冲击感
· 可识别性和连续性仍欠佳	· 边界立体交通组织方式需完善	· 闲置存量土地仍要挖掘梳理	· 打造区域内汇聚视线的焦点	· 强化国际商贸名城的时代感

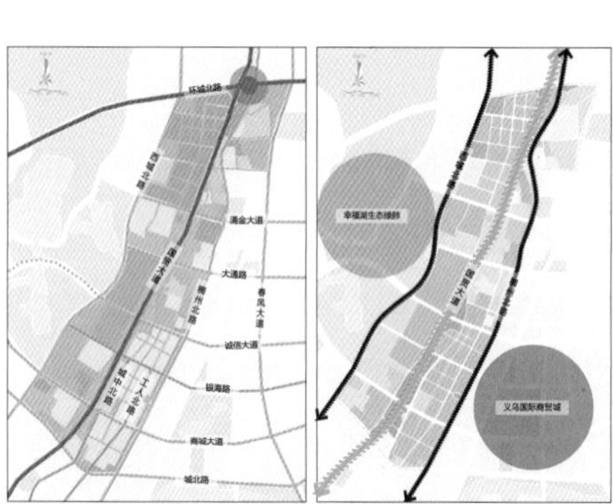

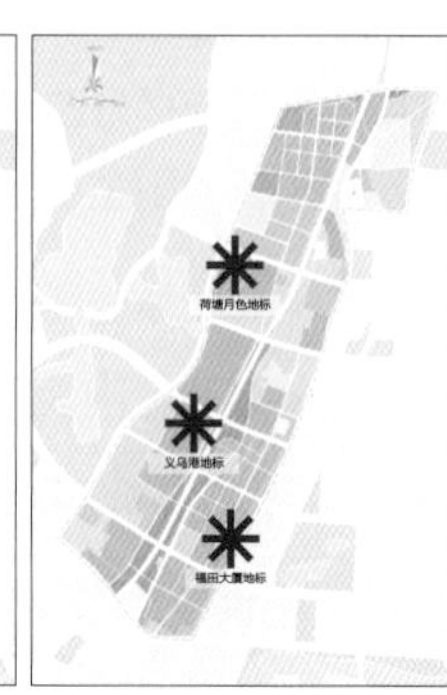

基于城市设计五要素的现状分析

(3) 特征空间的重构

目前项目基地内空间肌理下的建筑主要有四层半住宅、点式高层公建、多层围合式工业厂房三种类型。顺应城市有机更新和门户形象塑造等发展诉求，设计通过重构特征空间使该地区空间重新焕发魅力。

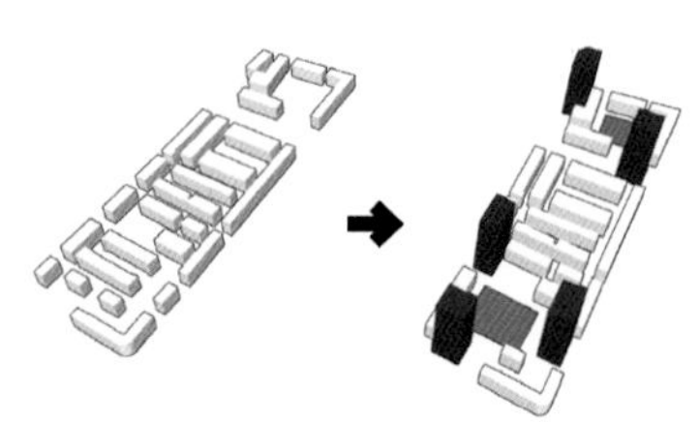

改造现有厂区空间和建筑立面风貌

更新现有企业类型和生产办公方式

提高土地使用价值和空间形象品质

现状工业园区形象塑造模式

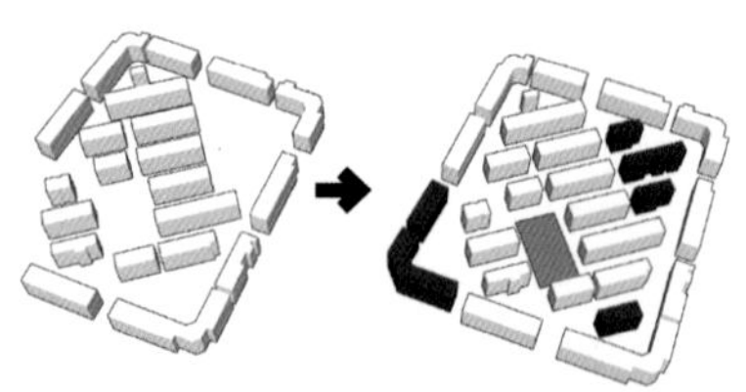

保留现有空间肌理和建筑风貌特征

织补沿街建筑界面和公共空间景观

完善社区服务配套和居住环境品质

现状四层半社区形象塑造模式

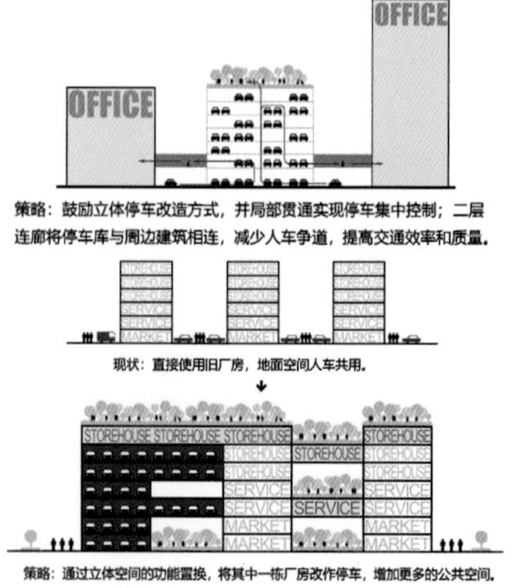

现有产业用房改造立体车库模式

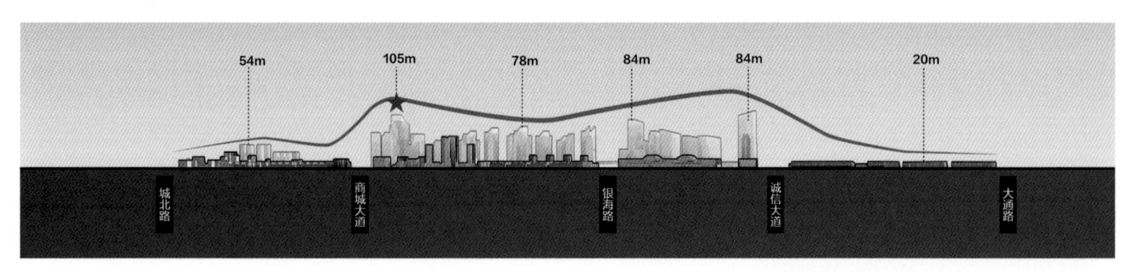

国贸大道西侧环城北路到大通路天际线

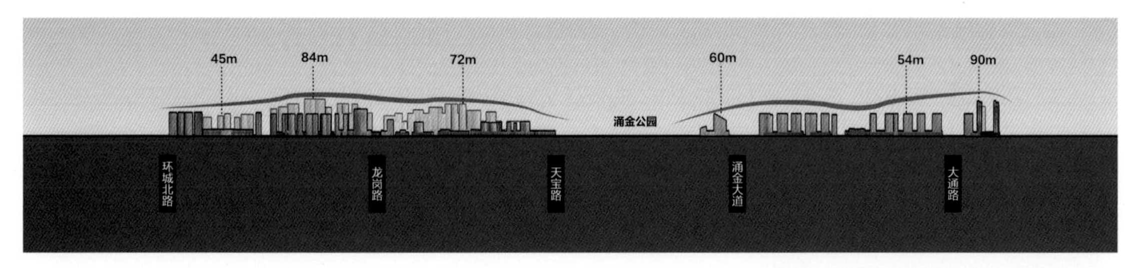

国贸大道东侧环城北路到大通路天际线

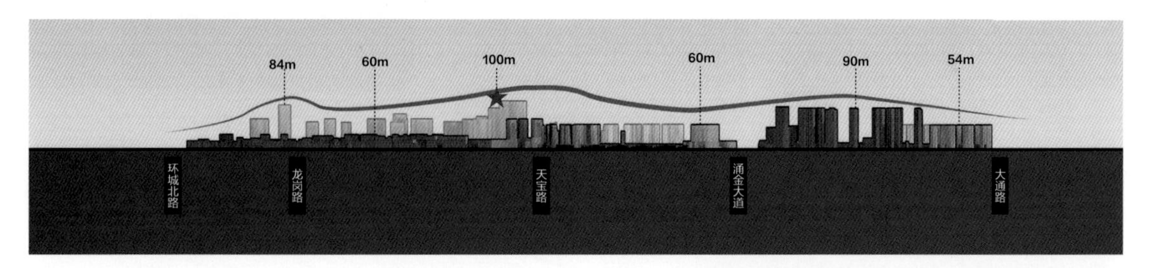

幸福湖朝西城北路方向环城北路到大通路天际线

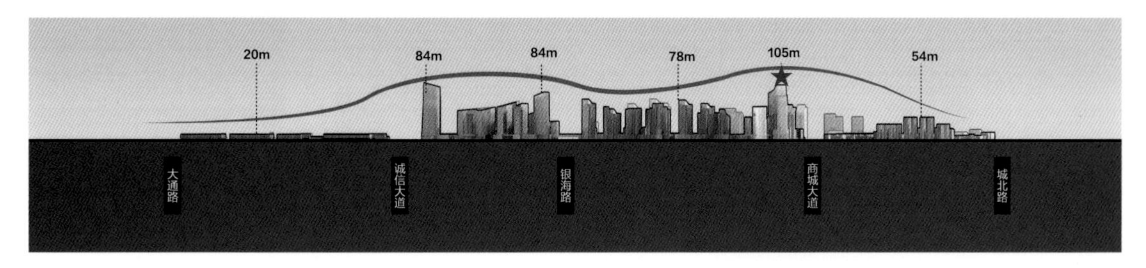

幸福湖朝西城北路方向大通路到城北路天际线

（4）城市界面的更新

城市界面是人们对城市最直接的视觉感受，无声讲述着城市的故事。设计通过不同视角的界面关系分析，对道路界面、建筑风格、城市天际线等方面进行协调更新，并为新建区域做出空间引导。

（5）地标建筑的打造

综合判断区位条件、土地价值、可实施性等因素，确定展示国际商贸名城门户形象的地标区域和节点位置，进行建筑形态、功能、容量等方面的详细设计，使地区形象更为丰满，并具有良好的可识别性。

（6）区域环境的衔接

基地西侧紧邻幸福湖，东侧为国际商贸城，向北可登黄檗山，向南可游义乌江，周边环境特征丰富且均是义乌城市形象的重要组成部分。塑造而非颠覆、和谐而非突兀是本次设计的基本思想。

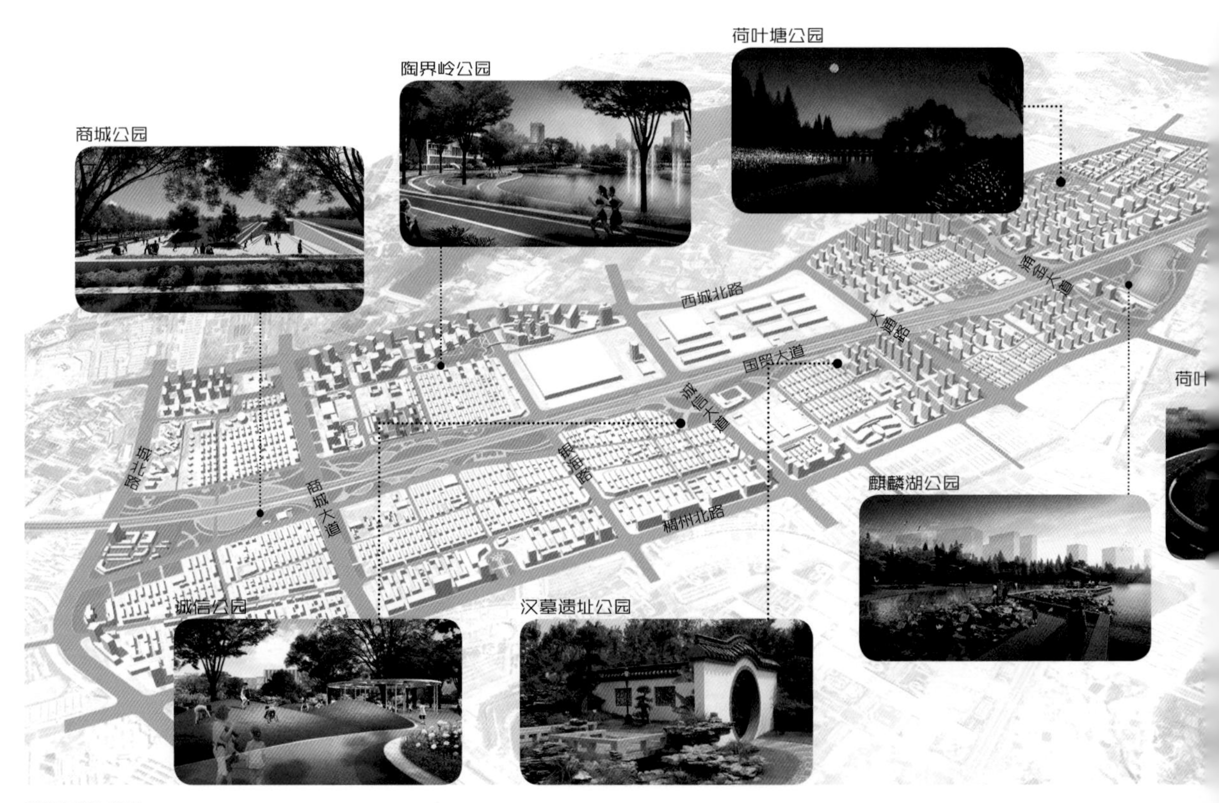

蓝绿系统营造

义乌港搬迁后鸟瞰效果

幸福湖东岸鸟瞰效果

引领新区发展的干道周边城市设计

新疆阿克苏纺织大道城市设计

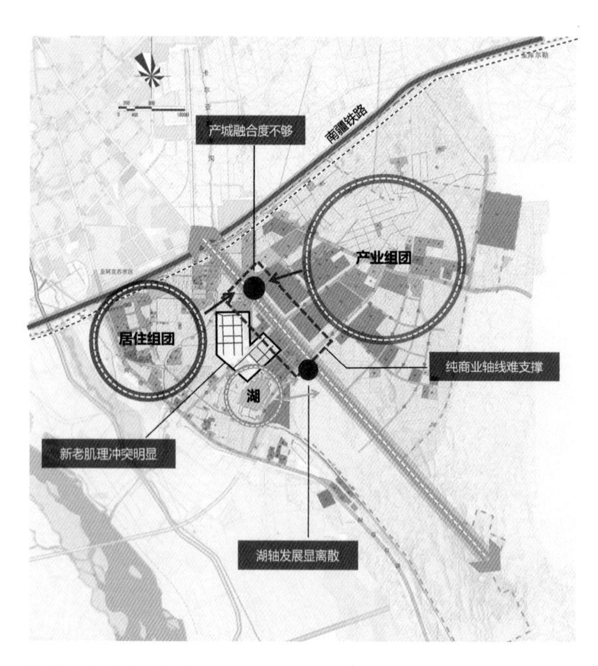

基地空间资源条件

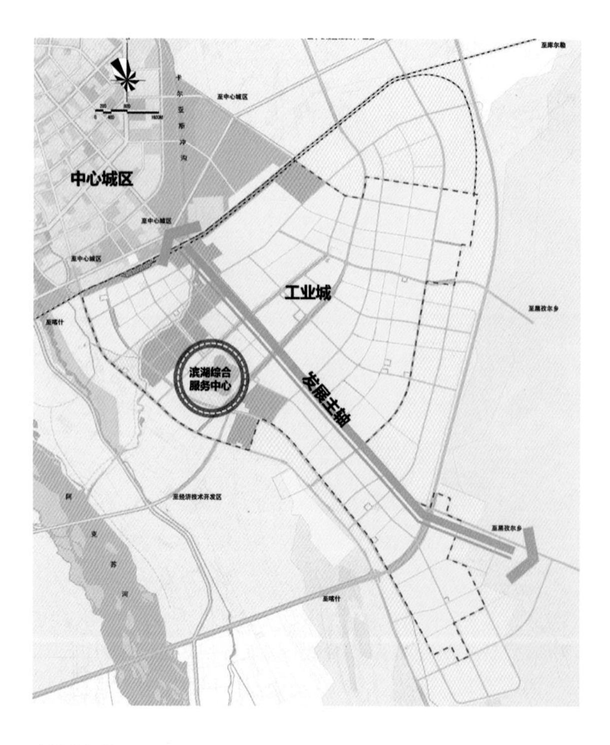

空间关系

项目概况

纺织大道位于阿克苏纺织工业城中部，是贯穿工业城的南北向主干道，同时也是工业城最重要的城市发展轴线。

项目设计路段是纺织大道在工业城的北段部分，北起安徽路，南至和田路，全长约 2.7 千米。规划研究用地范围扩大至纺织大道南侧的第一个街区和纺织大道至中心湖之间的重要联系街区，重点研究路、湖协同发展，并对纺织大道及周边区域进行规划统筹，总用地面积约 270 公顷。

核心设计范围为纺织大道两侧各 150 米左右的相邻地块，总用地面积约 121 公顷。

一心一轴互动，共同推动工业城市发展

纺织大道沿线串联工业城的主要商业区、商务区、体育中心、文化中心，北接中心城区，形成联系工业城与中心城区的主轴；并结合中心湖景观优势打造滨湖综合服务中心，形成一心一轴格局。

受沿线已开发项目局限

目前沿线开发建设项目主要有天创一期、纺城大厦、派出所等，以居住、办公功能为主，沿线商业用地招商难度较大。

地震断裂带横向贯穿

喀什路南侧有一条沙井子隐伏断裂带横向贯穿沿路用地，对沿线建设开发带来较大影响。

“空间经营”主要策略

(1)整体区域出发，空间结构调整

纺织大道由单纯的商业轴向发展变为以几个商业、公共设施特色核心为主发展，形成地标节点，并通过商住型空间轴线串接；同时，保留斜向老路，延续场地记忆，形成望湖轴线；打造四个特色核心：创新服务核心、产城服务核心、休闲文化核心、文体设施核心。

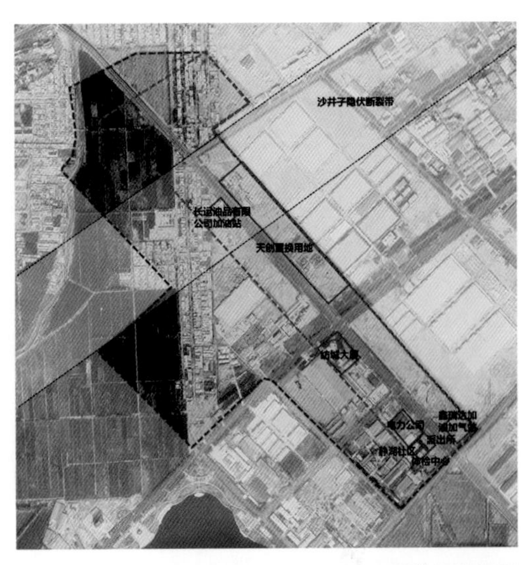

现状开发局限

(2)功能策划植入，产城融合激发活力

以生产服务功能、生活服务功能、创新培育功能为三大主导，沿纺织大道实现商业、办公、研发、生活、生产等多功能的共享，完善服务企业与工作者的各类服务配套。

强调产城融合发展，融入商住混合功能，打造多样化的商业、生活空间，于重要节点集聚重要服务功能提升人气，激发街道活力。

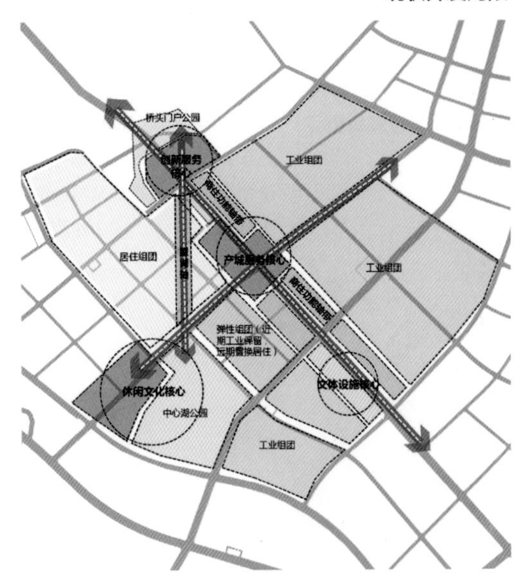

纺织工业城整体空间结构调整建议

生产服务功能

商务服务： 商务办公、金融服务、酒店、会议中心
综合管理服务： 综合服务中心
贸易服务： 电商平台、交易市场

生活服务功能

商业服务： 综合商业中心、超市、特色餐饮、便利店、咖啡吧、酒吧
文化休闲： 文化娱乐中心、休闲俱乐部、精品会所
体育健身： 中心公园、活动场地、健身会所
生活居住： 酒店式公寓、人才公寓、职工宿舍、精品住宅

创新培育功能

科研及技术服务： 研发办公、技术服务企业
产品设计与展示： 创客空间、产品设计展示、产品发布

功能策划

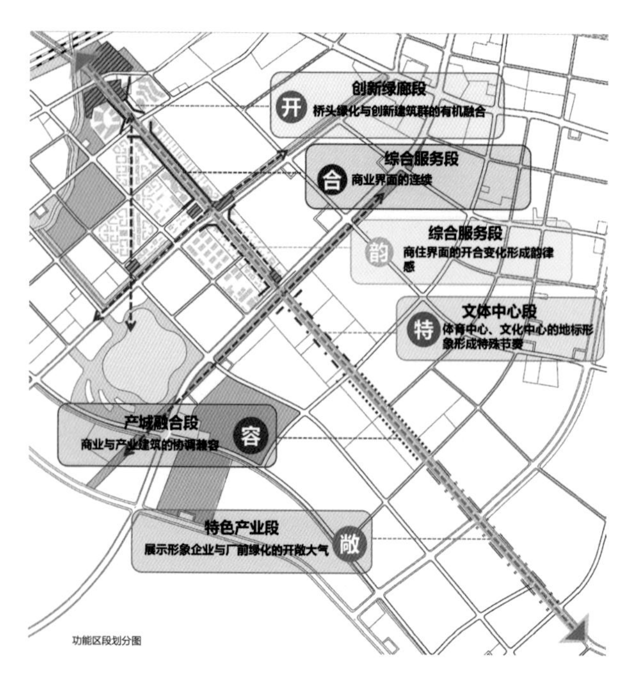

功能区段划分图

设计手法与空间角色

营造“望湖亲水”的整体氛围，提升纺织大道与中心湖滨水地段交通可达性和连通性，开辟湖、路联系轴线及特色慢行步道系统，通过绿廊和街道，将沿路活动空间引导到滨水区。

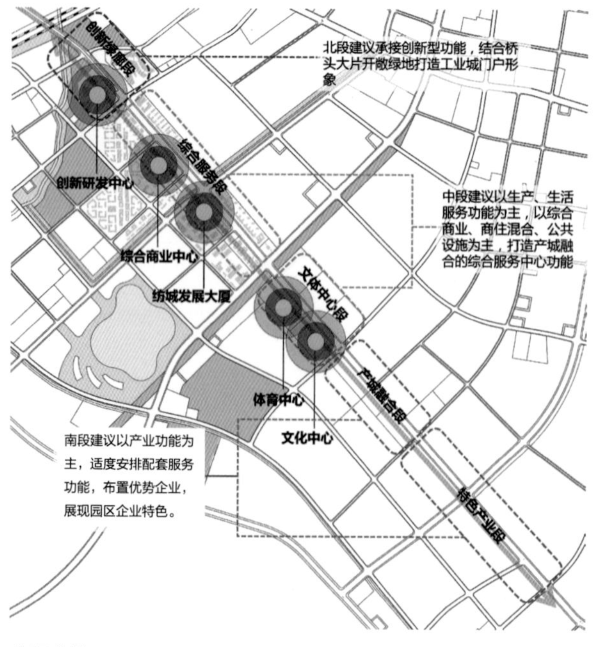

分段定位

(3) 纺织大道整体空间分段定位

根据空间角色和产业导向不同，划分五个特色区段：创新绿廊段、综合服务段、文体中心段、产城融合段、特色产业段。

以商住功能来衔接过渡，规划打造特色商住混合区段，安排酒店式公寓、人才公寓、职工宿舍等设施，通过设置沿路商业裙房保持街道商业功能界面的连续性。

(4) 蓝绿系统整合，营造休闲空间

以纺织大道两侧绿带为主轴，通过横向的步行轴线、绿带渗透至中心湖滨水空间，贯通沿路与滨水空间，形成完整统一的开放空间体系，提升城市活力和吸引力。

一条串联沿路和滨水的休闲绿道

整合沿路绿带和滨水绿带，设置一条休闲绿道，由健身道和漫步道构成，在城市干道边组织一个多种活动共存的活力空间，运动在绿色中，漫步在园区中。

两条特色休闲步行街

适度由纺织大道沿线向周边街区延伸发展，规划两条与纺织大道相交的特色休闲步行街：一条南北向街道保留路西老村原有肌理，在老村建筑完成更新改造后，与新建建筑有机组织起来，形成新旧融合的休闲文化街区，以提供各类休闲娱乐活动为主；另一条沿东西向滨水绿带延展的特色美食街，以餐饮、购物功能为主。两条特色休闲街与沿路商业空间相联系，业态互为补充，以不同的主题营造个性鲜明的休闲步行氛围。

两个特色公园和多个沿路广场

沿路结合两大核心规划形成桥头门户景观公园、中心休闲公园两个特色公园，并结合重要景观节点设置多个广场，为工作人群提供日常休息、集散的场所。

（5）营造主题，彰显特色

提炼街道主题，将园区纺织企业品牌与文化主题融入街道景观之中，强调文化的古今交融、传承发展，塑造园区特色品牌，展现街道魅力。

纺织工业品牌：围绕打造“全疆最大纺织工业城”“一带一路纺织服装产业新高地”等园区名片，以纺织文化为主题，全面展示纺织工业品牌。

丝路文化：展现“丝路文化”的主题特色。阿克苏作为古代“丝绸之路”上的交通重镇，现在更是丝绸之路经济带核心区南线中段重要节点。纺织工业城的发展，印证了“一带一路”建设巨大的引领作用。

规划中纺织大道、纵向绿廊、步行街是串联路和湖的三条步行路线，并形成三角环线。

纺城文化路线：沿纺织大道通过公园、广场、地标、雕塑等形成一条展现纺织工业品牌的文化线路。

丝路记忆路线：沿休闲文化街轴线通过新疆地方特色的沿街建筑和节点场景展现丝路文化记忆，诉说城市历史，展现未来发展。

滨水风情路线：依托中心湖与滨水绿带，展现阿克苏绿洲滨水特色景观，通过滨水商业、绿地等特色文化景观的营造，形成一条具有阿克苏特色风情的体验路线。

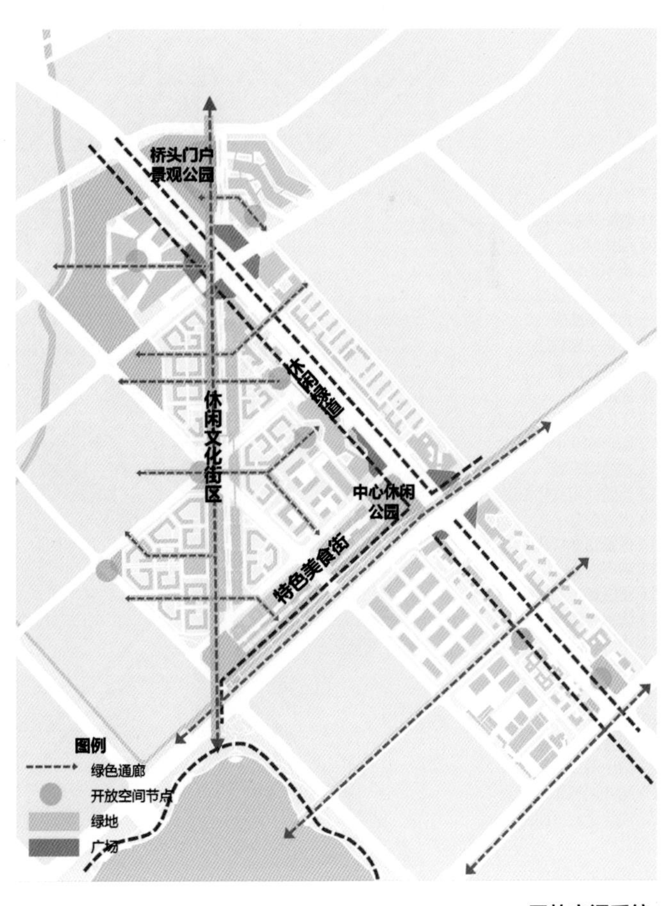

开放空间系统

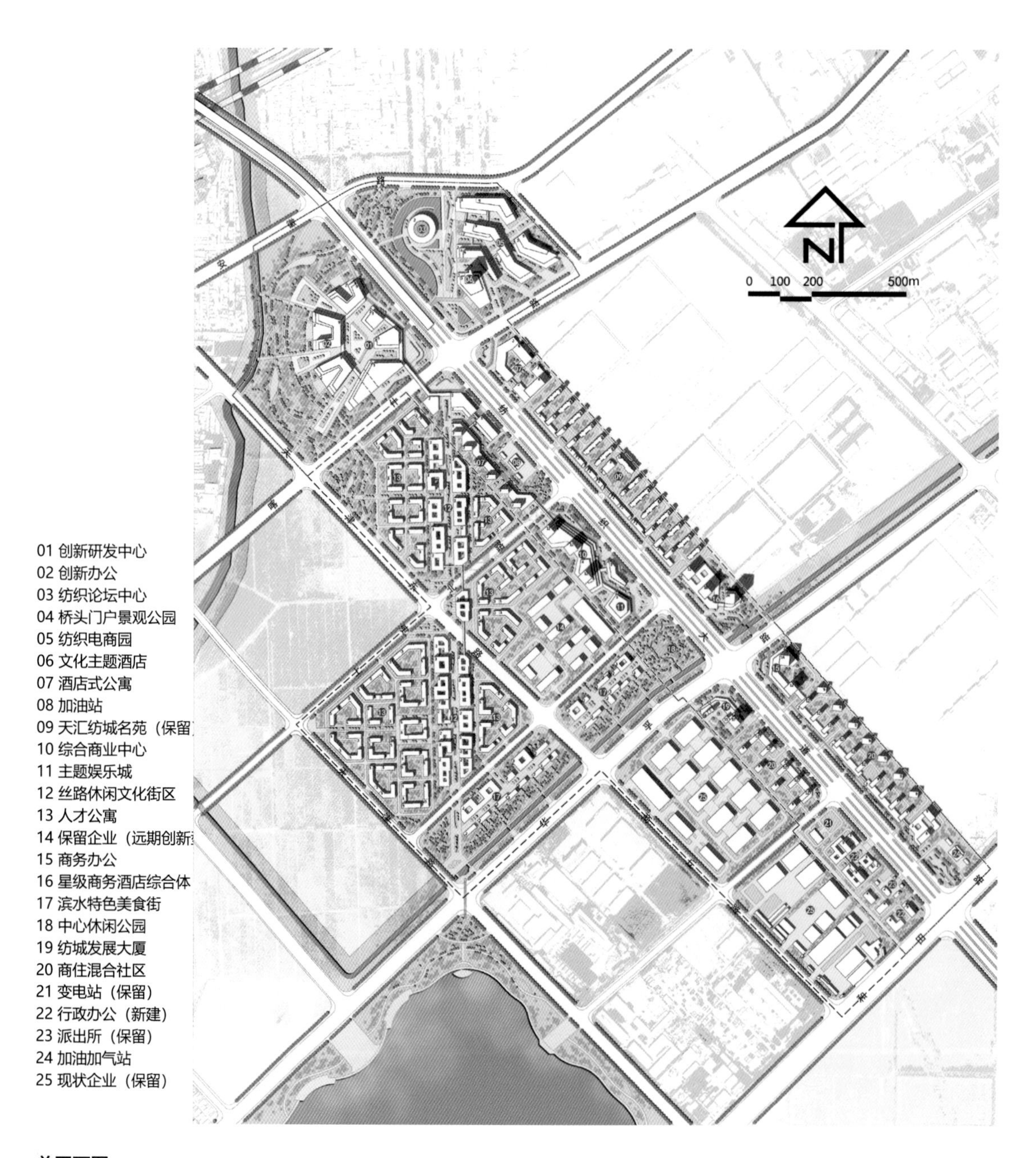
N
0 100 200 500m
01 创新研发中心
02 创新办公
03 纺织论坛中心
04 桥头门户景观公园
05 纺织电商园
06 文化主题酒店
07 酒店式公寓
08 加油站
09 天汇纺城名苑（保留
10 综合商业中心
11 主题娱乐城
12 丝路休闲文化街区
13 人才公寓
14 保留企业（远期创新
15 商务办公
16 星级商务酒店综合体
17 滨水特色美食街
18 中心休闲公园
19 纺城发展大厦
20 商住混合社区
21 变电站（保留）
22 行政办公（新建）
23 派出所（保留）
24 加油加气站
25 现状企业（保留）

总平面图

纺织大道空间效果

纺织大道夜景鸟瞰效果

桥头门户节点效果

3.1.2 高密度、聚合性的城市空间开发与利用——城市核心区与TOD

未来城市空间的发展趋势即集成化、复合化、混合化，城市核心区和TOD模式开发的城市空间最为典型。这类项目往往密度高、使用强度大，还需要向空中、向地下延伸，以争取更多的空间资源。这样的项目面临的设计要素和设计条件最为复杂，相应的“空间经营”重点就是合理组织和利用三维空间，并权衡定位：是建造摩天大楼还是塑造公共空间并归还资源于大众，或者兼而有之；是封闭抑或开放；是空间复合还是功能层置……只有全面地权衡长短期效益、一次性投入、长期维护成本以及多方面利益，才能提供更符合城市长远发展诉求的城市设计。

交互枢纽、智汇 V 谷、未来生活

杭州未来科技城西湖大学站 TOD 城市设计

项目概况

《余杭县地名志》言：“方山上有磁土，可资开采。”如今，这座海拔 68 米的山丘将成为云城东部最具生态价值的“方山公园”。西湖大学以高水平的研究型大学形象惊艳亮世，旨在跻身世界一流大学，是云城最重要的科技创新源和产业助推器。“轨道上的杭州”政策落实交通强国示范城市建设，助力城西科创大走廊全域未来社区试点，西湖大学站将生态与人文、创新与产业锚定于此。项目基于先天优势，合理规划城市空间布局，发挥资源效益，促进要素集聚，力求站点枢纽价值最大化。

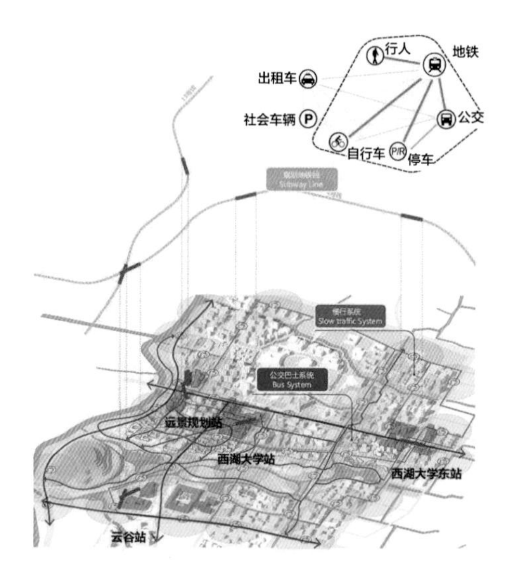

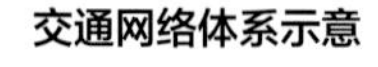
交通网络体系示意

“空间经营”主要策略

（1）推行“快轨通勤，慢行环城”交通网络体系，实现公园与城市的无界共栖

依托地铁车站，构建垂直交通换乘核，打造放射状立体慢行网络，以站台为原点搭建望山通水的 V 谷廊道，与一系列基于TOD导向的慢行环道和廊道无界相连，形成丰富的城市慢行体验。

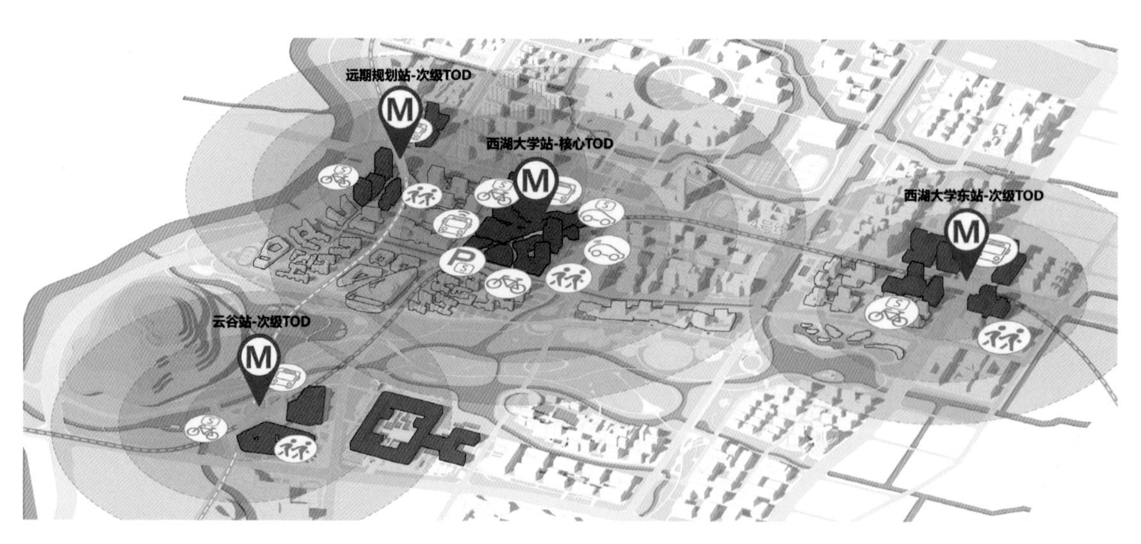

TOD导向的公共交通设施

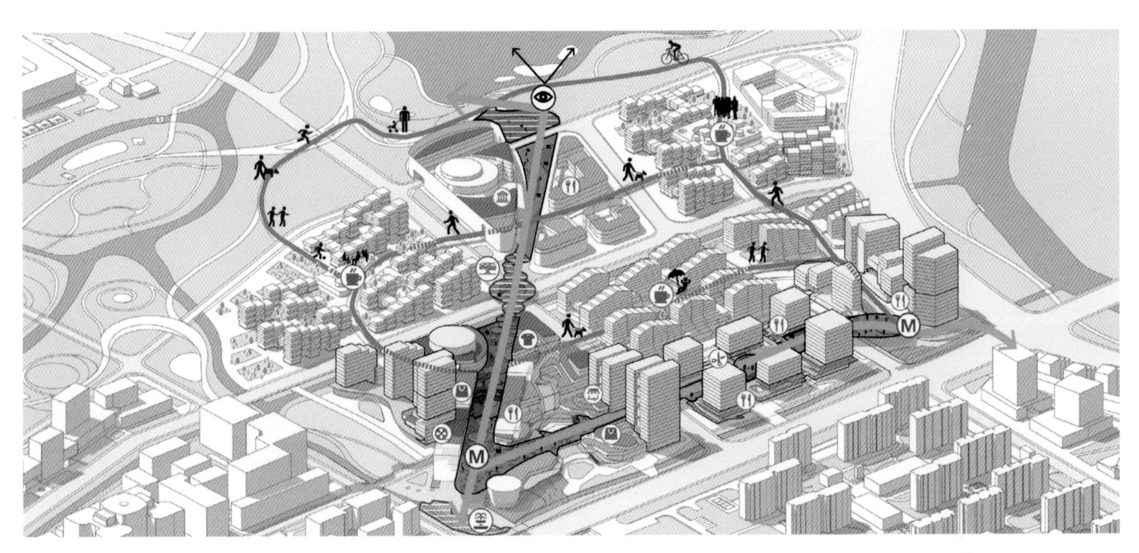

叠合TOD山水V谷

(2）建立“复合集聚、立体融合、高效便捷、统筹综合”的地上地下一体化开发设计模式

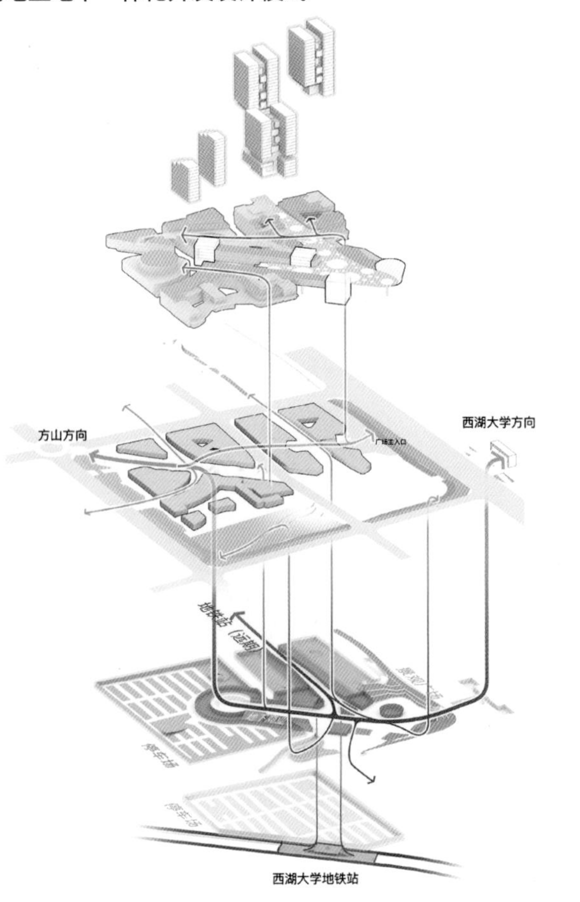

功能塔楼

L2-L5 复合功能

L1 地面交通

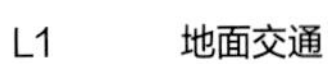

LG1 V谷廊

LG2 地铁站

以地下一层V谷廊道为基础建立步行系统

M1/A35 工业科研混合用地

商业 科研 办公≥ 60%

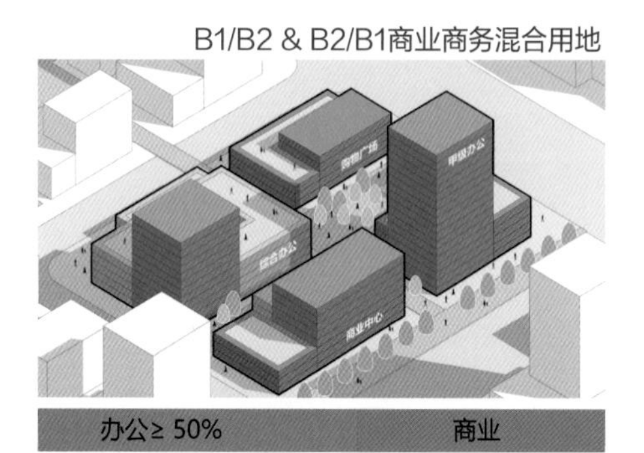

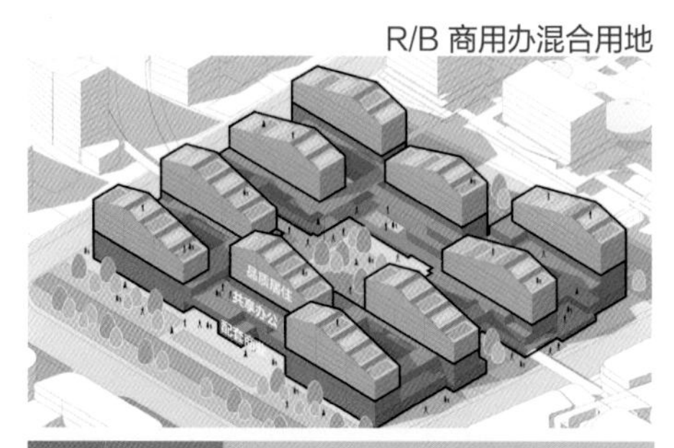

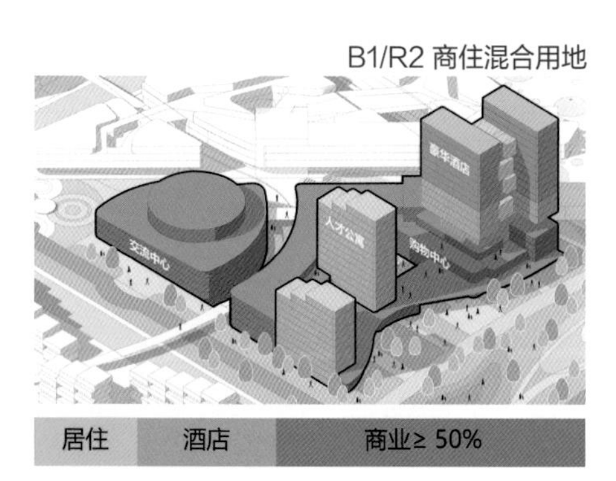

用地开发模式探索

（3）遵循有机弹性、复合多元的发展理念，鼓励混合和活力的土地利用

借助TOD站点核心辐射能力，打造环西湖大学创新、研智新引擎。根据站点开发时序与功能定位，构建满足创新产业全生命周期的空间类型。

借力TOD站点核心辐射能力，打造环西湖大学创新、研智新引擎

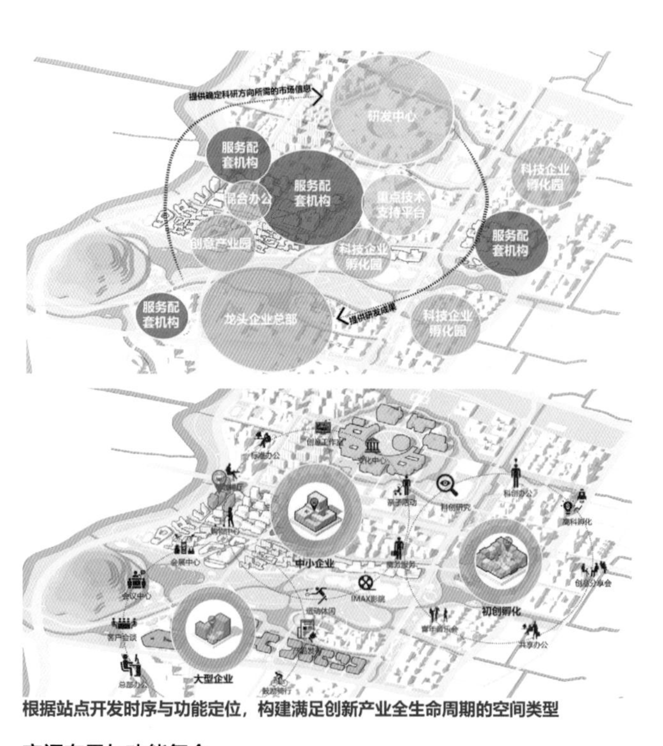

根据站点开发时序与功能定位，构建满足创新产业全生命周期的空间类型

空间布局与功能复合

可识别的V谷枢纽门户形象

公共空间组织效果

局部剖面

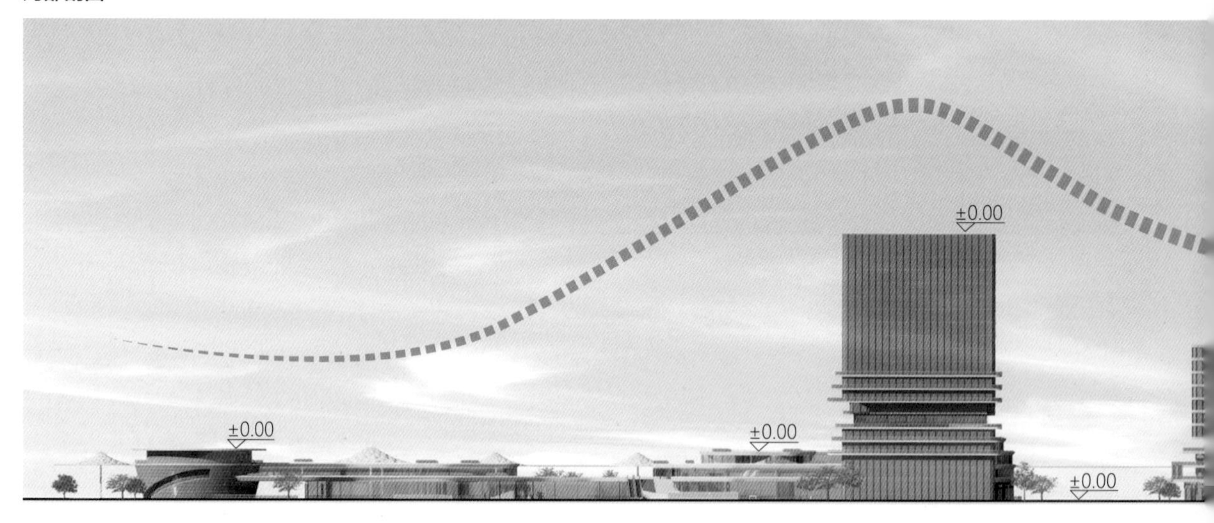

空间的立体化开发

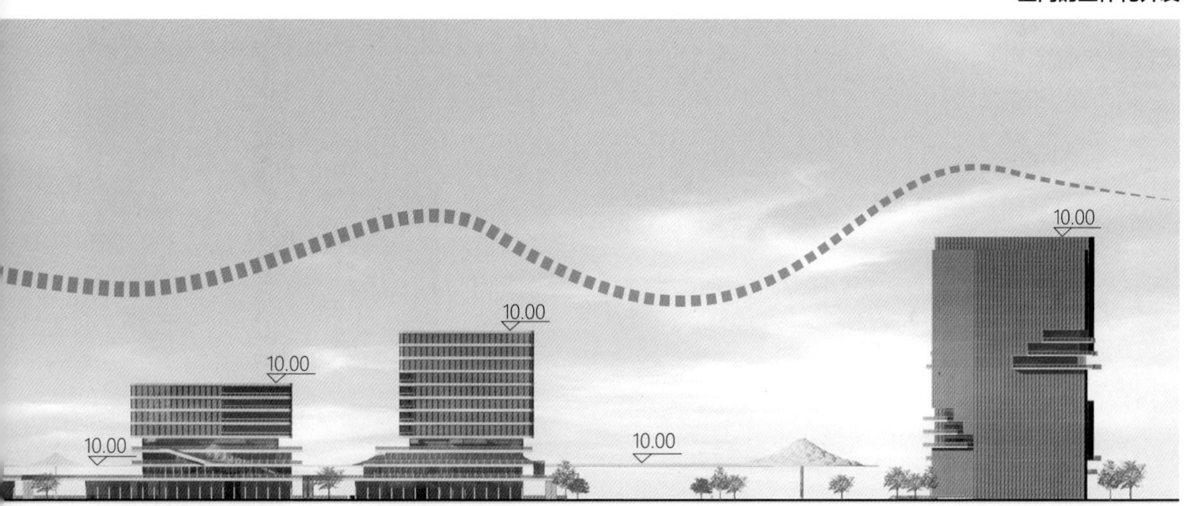

墩余路建筑立面

典型立面

国际社区、地球村

杭州民生药厂地块城市设计

项目概况

基地位于拱墅区南部、湖墅控规单元西南部，南邻西溪商务城综合体，北靠热电厂地块综合体，向东距京杭运河约 1 千米，向南距黄龙商圈约 3 千米，向东南距武林商圈约 4 千米，向西距西溪湿地约 6 千米，具有绝佳的区位优势。该项目是杭州黄龙武林商圈核心区范围内为数不多面积较大且具有完整开发价值的地块。基地周边整体以居住板块和商贸板块为主，周边功能板块带来的人才集聚优势明显。

规划范围东至教工路，南至余杭塘路，西至学院路和余杭塘河，北至莫干山路，规划用地面积约 37.7 公顷。基地所处区域为老杭州产业集聚区，随着杭州自身发展以及“退二进三”政策的落实，工业企业逐渐退出主城范围。为保存原有的历史记忆，基地周边较多有历史含义的工业遗存以不同的形式被保留，形成后工业人文风貌。基地周边景观条件优越，三条黄金水道相互交织并构成三角水网，滨水绿化相互连接并形成滨河绿环。基地与水网、绿环紧邻相依，具有较强的渗透互动性。

空间经营”主要策略

设计整合基地内外禀赋要素，研判杭州城市发展趋势，旨在通过一个既满足国际高品质生活需求、又能继承本土特质的规划方案，打造一处集品质居住、公共服务、商业办公、文化体验、生态休闲于一体的国际型人才社区。让自然、人、城市在一种新的秩序下“共生共享、共创共荣”。

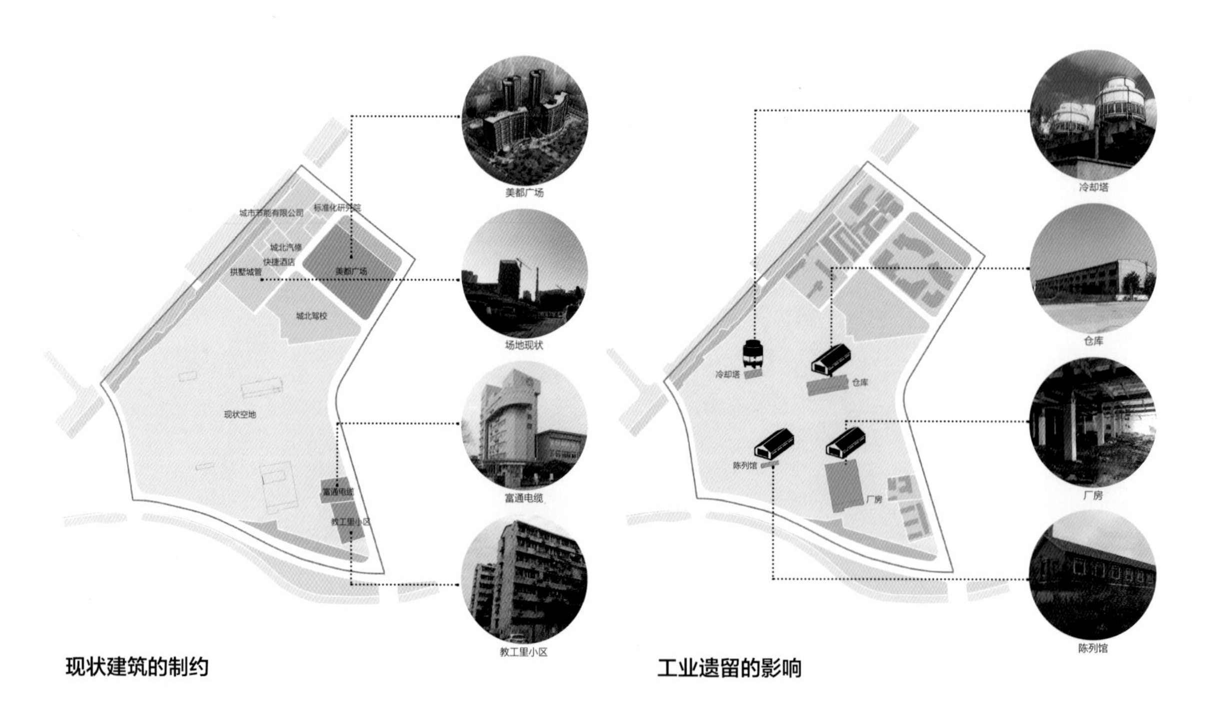

现状建筑的制约　　工业遗留的影响

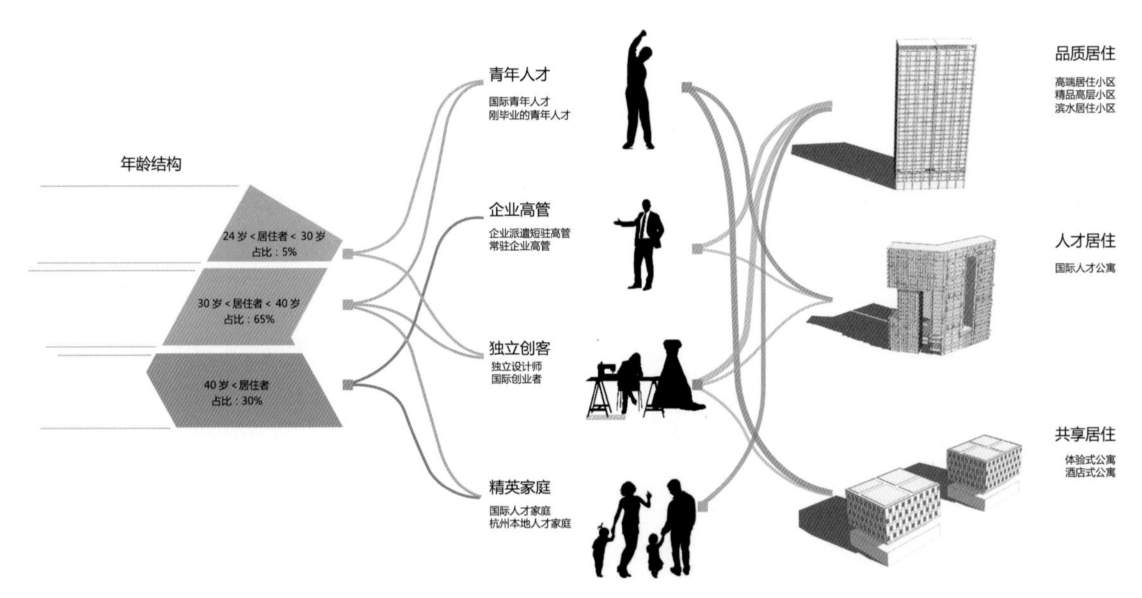

针对不同年龄层与不同类型人才设计符合人群个性的住宅类型和居住环境

（1）“多样的居住形式 + 特色功能 + 不同生活方式”相互促进，营造国际村特别的生活方式

融合居住者的生活特性，并据此植入居住、休闲、运动、餐饮、办公等功能，形成“创意 + 共享”的国际村。

针对不同年龄层、不同类型人才设计符合人群个性的住宅类型和居住环境。

不同生活形式的可能性分析如下。

居住 + 创意办公：这里有独立的办公空间，让生活与工作有机融合。

居住 + 创意商业：这里没有传统商业的沉闷，只有无限的创意和欢乐。

居住 + 共享休闲：大家一起在大公园里运动、交流、娱乐，共享生活乐趣。

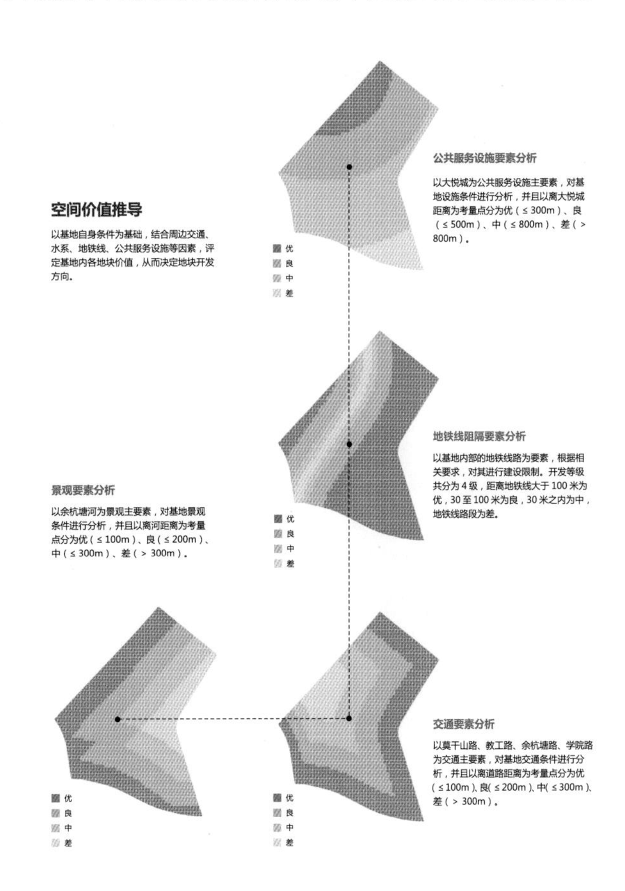

土地价值分析

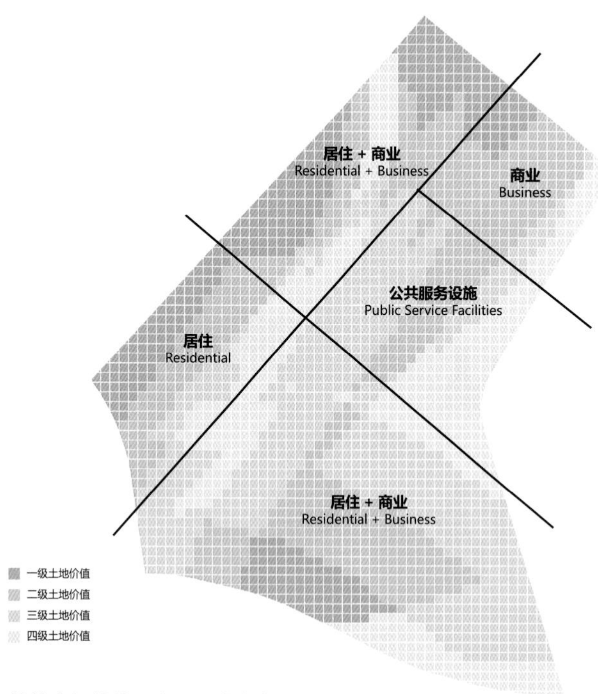

地块空间价值，主导开发方向

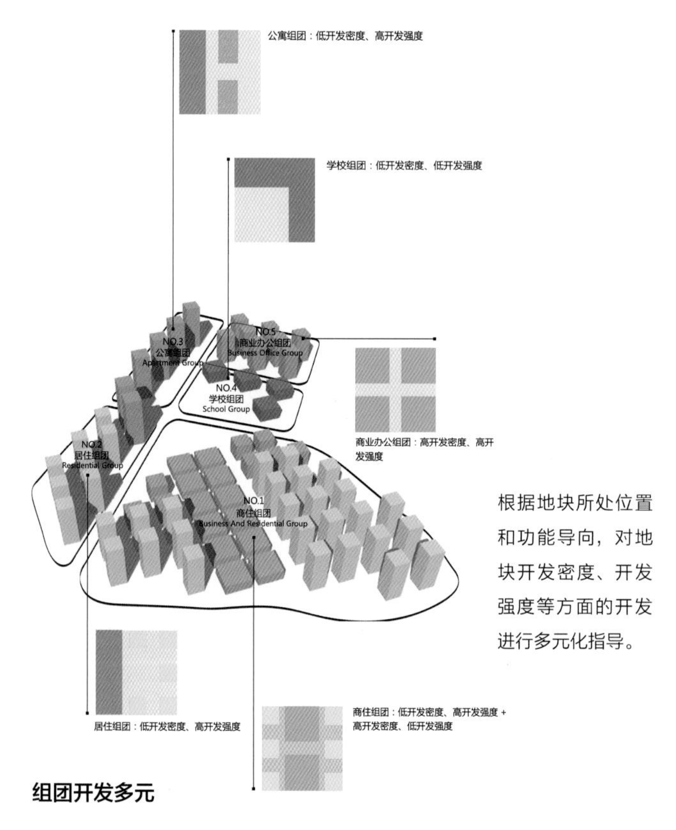

根据地块所处位置和功能导向，对地块开发密度、开发强度等方面的开发进行多元化指导。

组团开发多元

（2）基于土地开发价值的分析，采用多元混合的空间经营模式

基地内每处土地都有不同的开发价值，根据景观、交通、公共服务设施、地铁线阻隔等因素对基地内土地进行价值分析及开发引导。

根据基地土地价值设置合理的多元化组团，并对地块开发密度和强度进行多元化处理，形成多元混合的用地组合开发模式。

（3）国际社区开放模式营造

面对封闭式与开放式社区模式、国人传统习惯与国际人才爱好，我们创想了“精明开放模式”。

横向精明开放：从平面角度出发，通过节点、轴带、中心打破传统的封闭社区，倡导公共空间主导式的社区模式。

纵向精明开放：结合平台、廊架等元素，创造立体开放空间。用屋顶、平台顶、二层廊架等手段让开放空间更加丰富多样。立体空间结构和功能复合为社区带来活力和多样性。

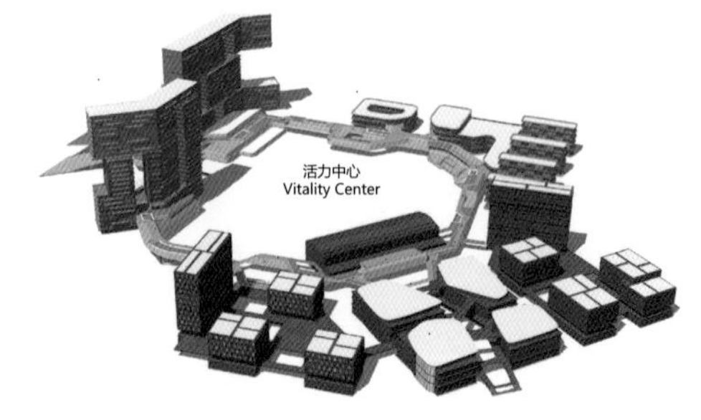

通过活力环串联社区各个设施，完善慢行体系，让其有效互动，形成整体性较强、联系紧密的社区中心。

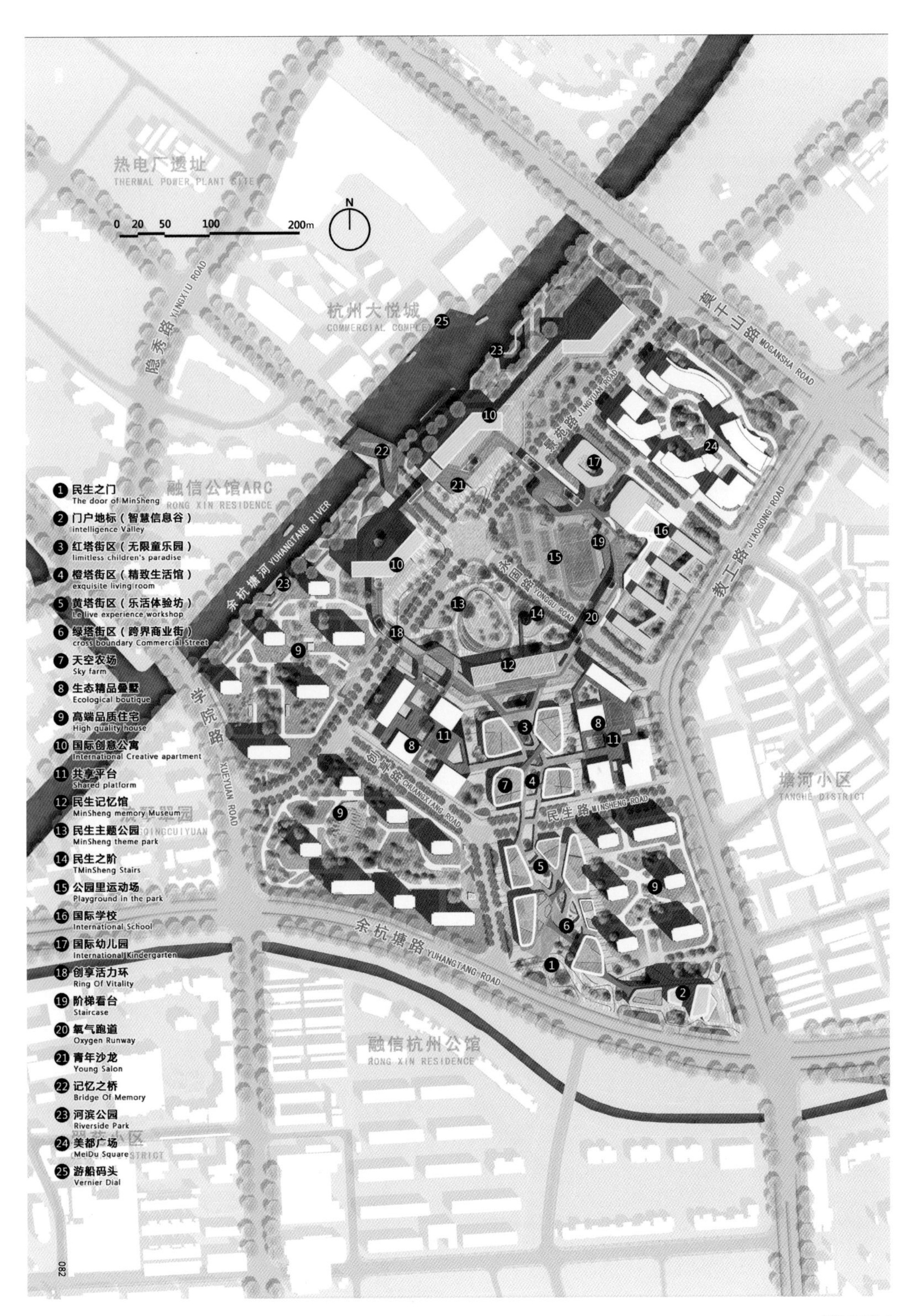
热电厂遗址
THERMAL POWER PLANT SITE
0 20 50 100 200m
N
杭州大悦城
COMMERCIAL COMPLEX
隐秀路 YINGXIU ROAD
莫干山路 MOGANSHA ROAD
融信公馆ARC
RONG XIN RESIDENCE
余杭塘河 YUHANGTANG RIVER
学院路 XUEYUAN ROAD
景苑路 JINGYUAN ROAD
永园路 YONGYU ROAD
教工路 JIAOGONG ROAD
民生路 MINSHENG ROAD
塘河小区
TANGHE DISTRICT
余杭塘路 YUHANGTANG ROAD
融信杭州公馆
RONG XIN RESIDENCE
1 民生之门 The door of MinSheng
2 门户地标（智慧信息谷） intelligence Valley
3 红塔街区（无限童乐园） limitless children's paradise
4 橙塔街区（精致生活馆） exquisite living room
5 黄塔街区（乐活体验坊） Le live experience workshop
6 绿塔街区（跨界商业街） cross boundary Commercial Street
7 天空农场 Sky farm
8 生态精品叠墅 Ecological boutique
9 高端品质住宅 High quality house
10 国际创意公寓 International Creative apartment
11 共享平台 Shared platform
12 民生记忆馆 MinSheng memory Museum
13 民生主题公园 MinSheng theme park
14 民生之阶 TMinSheng Stairs
15 公园里运动场 Playground in the park
16 国际学校 International School
17 国际幼儿园 International Kindergarten
18 创享活力环 Ring Of Vitality
19 阶梯看台 Staircase
20 氧气跑道 Oxygen Runway
21 青年沙龙 Young Salon
22 记忆之桥 Bridge Of Memory
23 河滨公园 Riverside Park
24 美都广场 MeiDu Square
25 游船码头 Vernier Dial
总平面图

推行沿街线性开放策略和沿街界面建筑多元化组合，使界面产生多层次、多空间，并对沿街天际线进行处理，对外提升沿街立面的亲和性与趣味性，柔化城市界面。

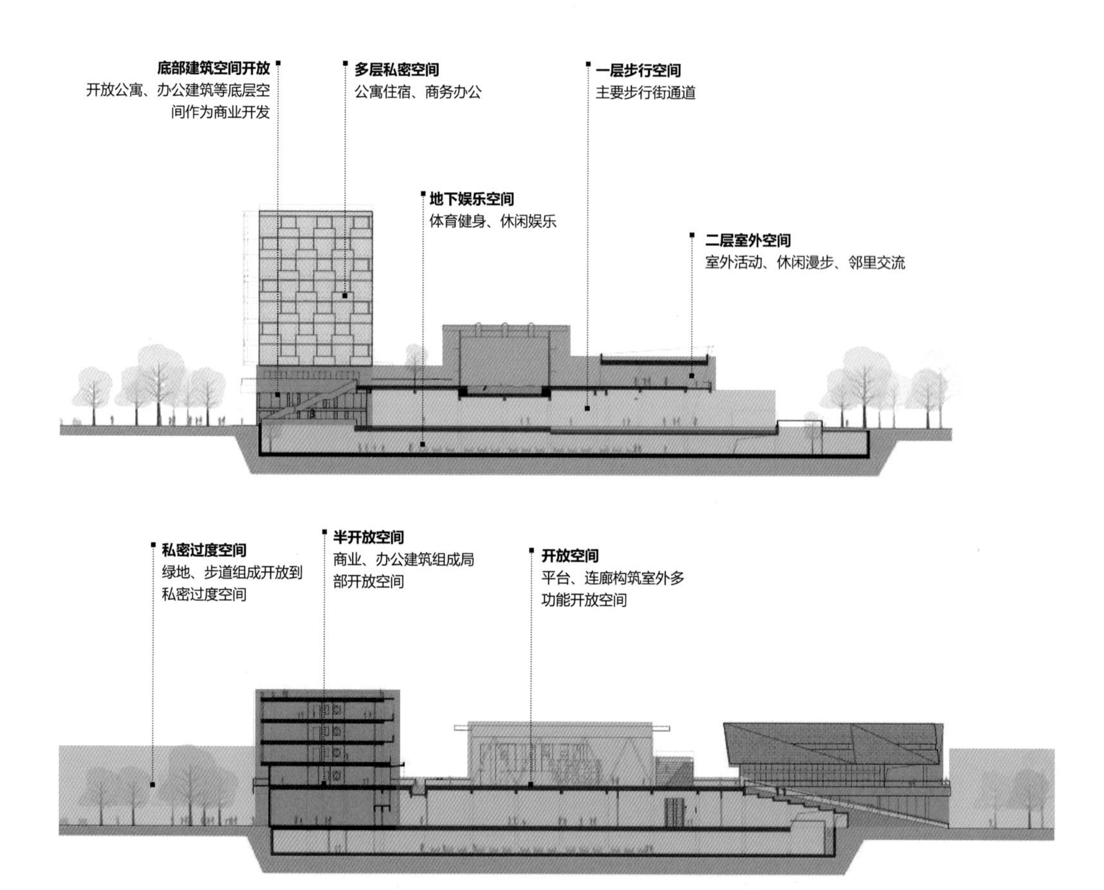

空间组织与经营

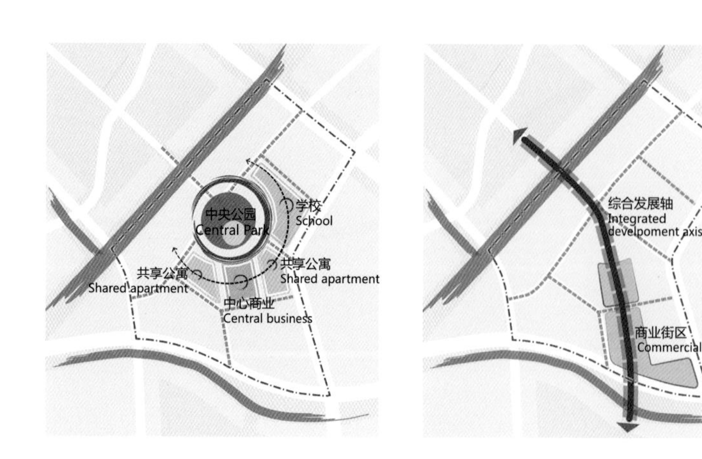

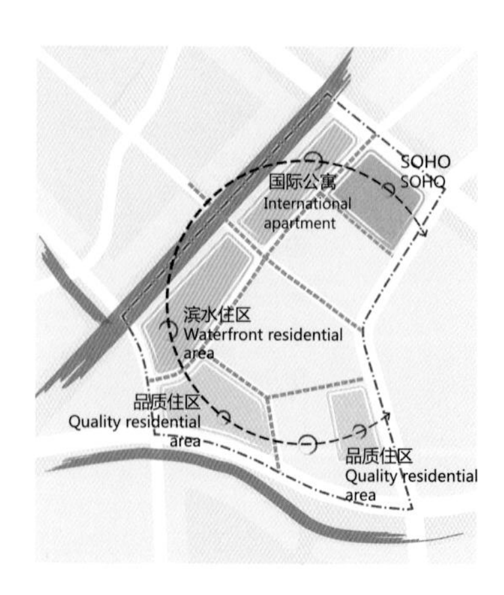

核心共享　　中轴联动　　圈层发展

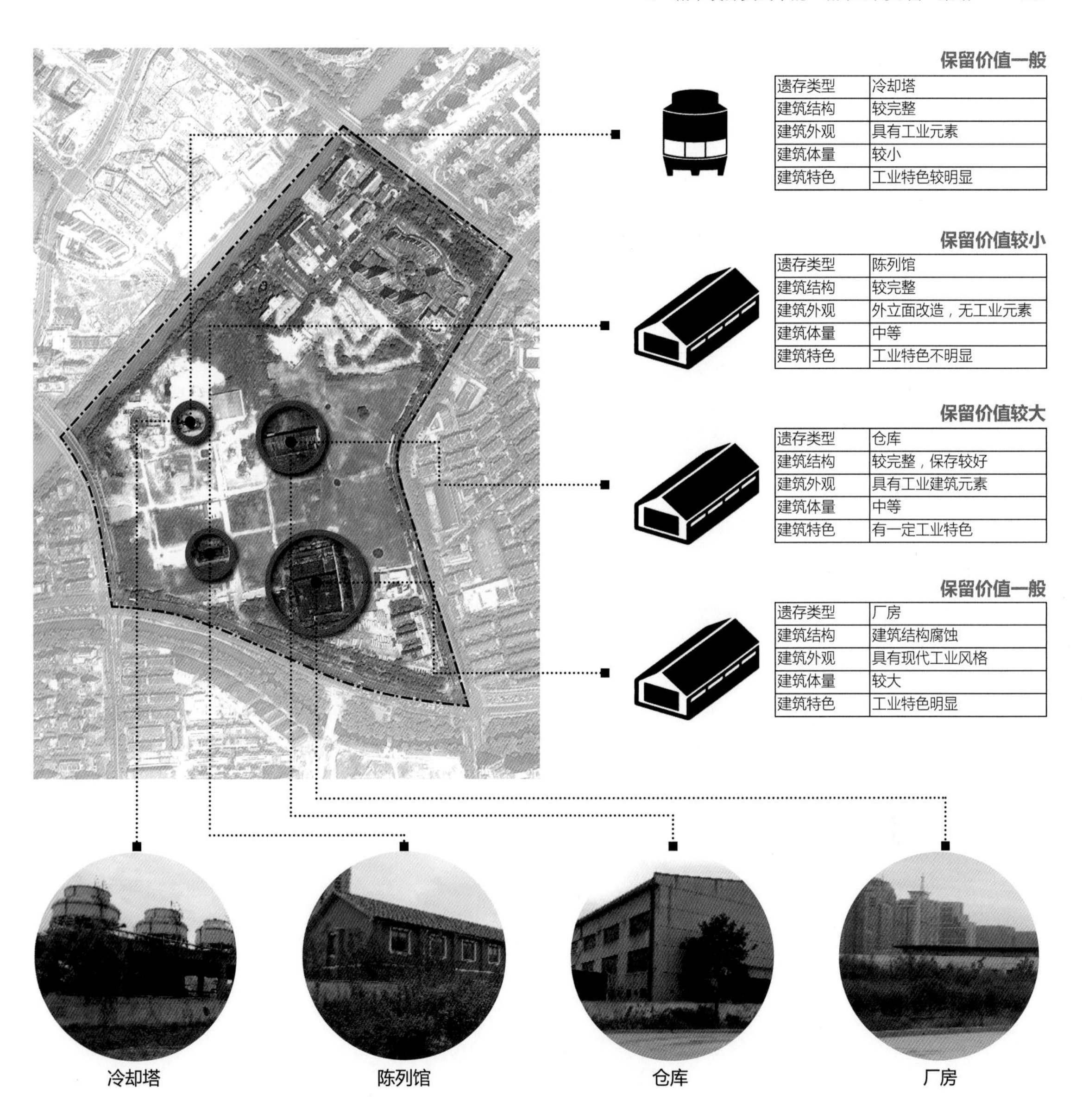

保留价值一般

遗存类型	冷却塔
建筑结构	较完整
建筑外观	具有工业元素
建筑体量	较小
建筑特色	工业特色较明显

保留价值较小

遗存类型	陈列馆
建筑结构	较完整
建筑外观	外立面改造，无工业元素
建筑体量	中等
建筑特色	工业特色不明显

保留价值较大

遗存类型	仓库
建筑结构	较完整，保存较好
建筑外观	具有工业建筑元素
建筑体量	中等
建筑特色	有一定工业特色

保留价值一般

遗存类型	厂房
建筑结构	建筑结构腐蚀
建筑外观	具有现代工业风格
建筑体量	较大
建筑特色	工业特色明显

民生记忆价值评估

（4）民生记忆价值评估

城市核心地区往往是城市历史积淀深厚之处，需要重视并延续城市历史文脉，保留和维护民生记忆建筑。项目基于民生记忆建筑自身现状条件，从建筑结构、建筑外观、建筑体量、建筑特色等方面出发，判定建筑是否具有保留的意义和价值，并提出保留改造策略。

根据基地开发限制性条件，对近期有条件保留的民生记忆建筑进行保留、改造和使用，远期结合周边地块进行整体开发建设。

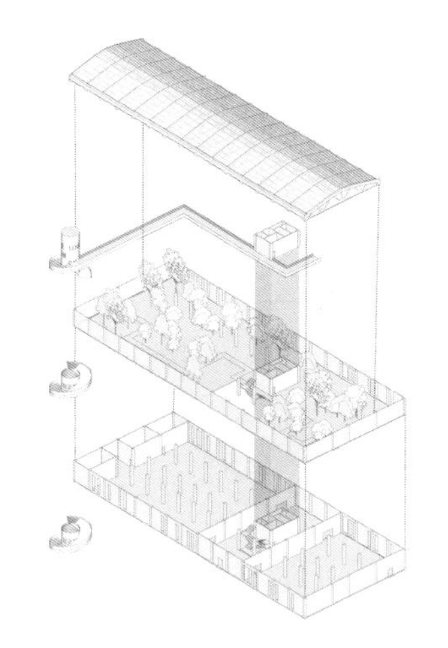

民生记忆馆作为景观廊道上的重要节点，应保留并改造。一层改造为民生记忆展厅和社区活动中心，社区居民在休闲活动的同时能更好地了解民生的历史，也能对外来游客彰显品牌效应。二层为垂直农场，通过景观楼梯将长廊、工厂和公园联系在一起，为周边居民提供茶余饭后的好去处。

旧厂房改造方案

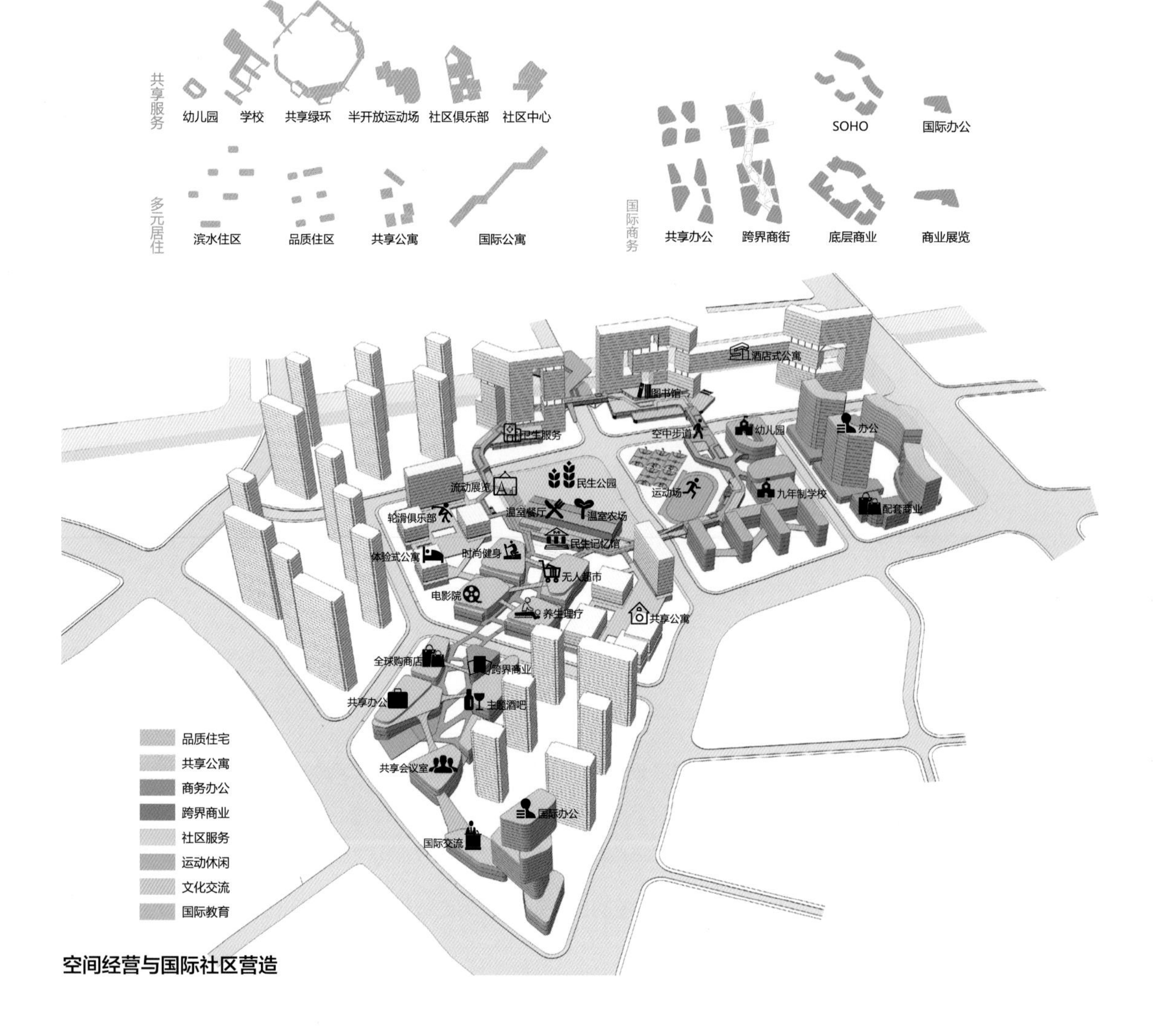

空间经营与国际社区营造

创想活力环效果

沿河景观效果

屋顶农场效果

共享平台效果

工业遗存利用效果

人才公寓效果

3.1.3 产业运行逻辑主导科技园型城市空间生成

科技园是一类非常特殊的城市空间，它的构成和运作模式建立在产业和科技集群经济模式的基础上。因此，产业自身特征及其运作模式，以及产业集群的互动合作逻辑，在极大程度上决定了科技园的空间结构模式，同时也决定了空间利用的有效性和产业产出效率。

数字经济背景下的产业园营造

临空云谷（钱塘数智小镇）概念设计

项目概况

从杭州国土空间规划布局来看，杭州将形成“一主四片三副城”的格局，钱塘空港作为四个主城片区之一，未来的产业布局将更加多元化、都市化。整体片区作为重点产业平台之一，承担浙江省、杭州市建设高端集成电路产业的重任，是数字经济和高端制造的融合创新发展引领区。项目位于钱塘新区与临空经济示范区交界处，将充分受到南北两大片区的辐射带动及周边产业链的外溢。基地交通优势明显，生态环境基础优越，但场地受机场噪声及限高约束。场地东临青六路，西接河庄大道，北侧为规划钱塘快速路，南侧为向阳路、义南路，总面积约 5.94 平方千米。

空间经营”主要策略

（1）把握数字变革，推动产业数字化，打造数智产业集群

根据城市发展预期与定位、周边产业布局，以及区位优势与特点，对项目产业发展进行研究。供应链金融、芯片产业链、云端数字技术将成为项目未来的主要产业内容。

（2）坚持环境导向型发展，建设生态型产研融合的创新产业基地

强调生态建设在城市建设中的引领作用，致力于解决城市建设、经济发展与生态环境的矛盾，实现人与自然的和谐统一。

同时正视产业的联动效应与需求，完善区域内外的空间联系。既要促进城市各功能区之间的协同配合，又要实现内部组团间的高效互联互通。既要实现物质空间的高效转换，又要满足非物质的场域互通。

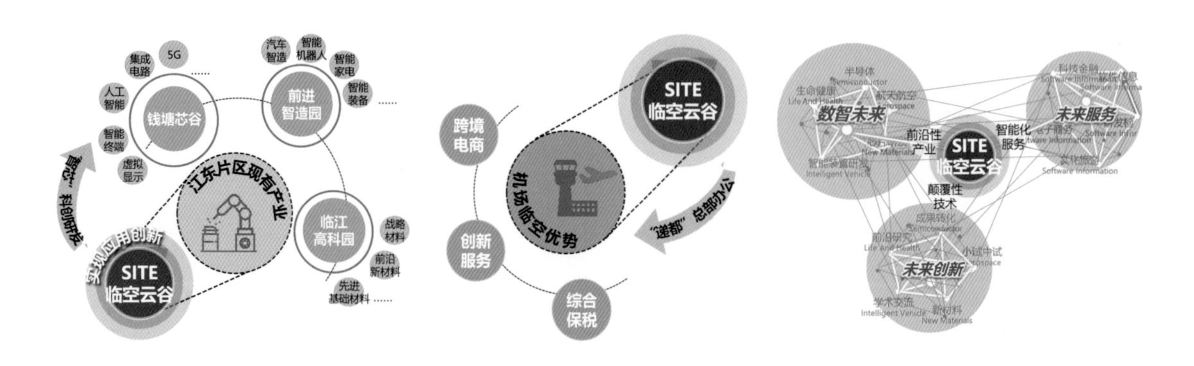

现有产业关联下的发展趋势　　交通区位优势的利用　　产业链完整规划的产业系统

梳理并调整现有水系和绿地，构建蓝绿生态网络，并植入滨河公园，适当放大核心水面。

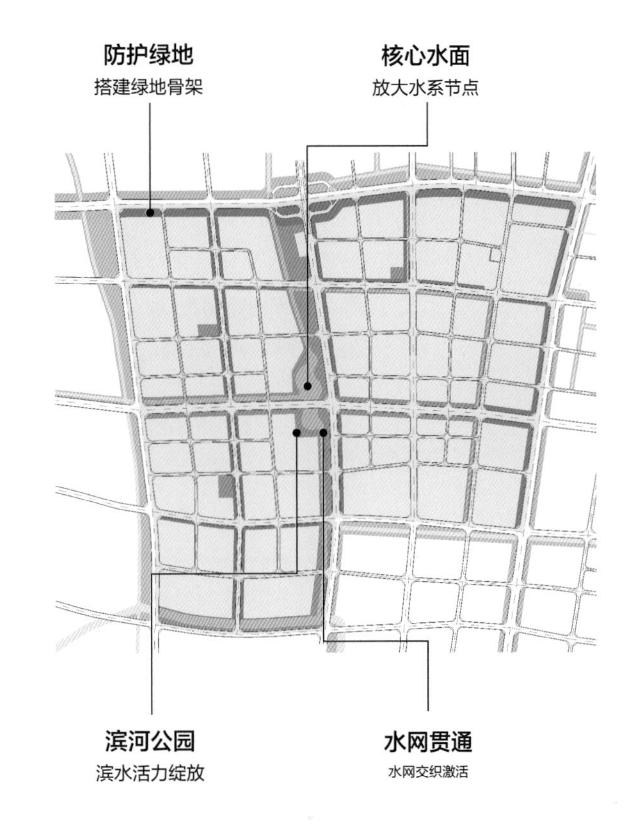

蓝绿生态网络连通

梳理周边核心组团，以十字轴线的方式高效联通外部组团功能，实现人气汇聚。

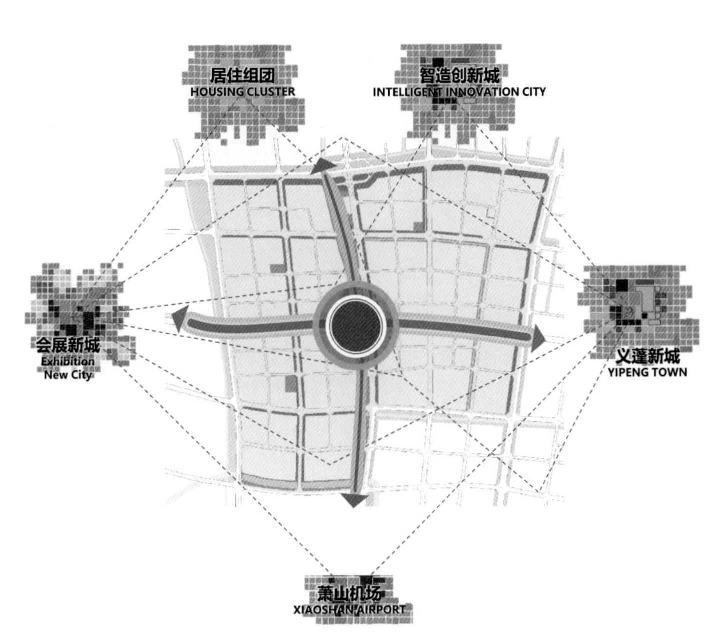

对接周边功能

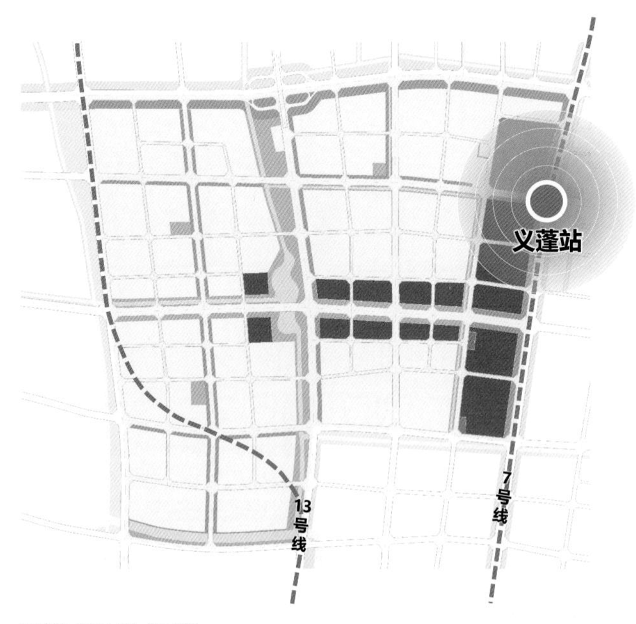

区域 TOD 模式开发

依托 7 号线、13 号线地铁线路经停的两个地铁站，进行强度较高的TOD模式开发，实现区域价值和便捷程度的最大化。

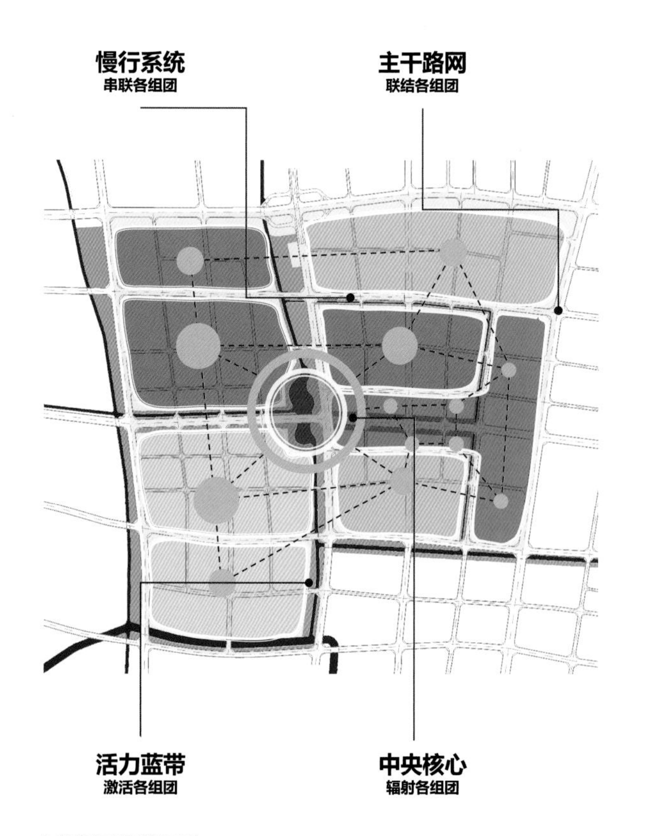

内部组团高效互联

通过蓝绿网络自然分割出产业组团，依托中央南北向主要水系构建活力蓝带。构建中央核心，辐射各组团，最后通过主干路网实现组团之间的互联互通。

（3）“一轴一带，一芯九片”的产业园空间结构

以数智之芯、核心发展云轴、滨河活力云带为骨架，组织科创绿里、未来智谷、云上递都等九大片区，构成科技产业园空间结构。

（4）构建慢行体系提升空间品质，形成水陆空三维立体慢行格局

在水面形成滨水景观步道。结合水面布置亲水步道、梯层栈道。

在地面依次形成中央休闲步道、组团游憩步道及外围城市慢行绿道。沿义隆路及东入口充分设置地面休闲通道，串联中央核心功能区，并在各组团内结合景观节点形成游憩步道。

在空中形成空中立体连廊。结合义隆路两侧建筑，布置架空走廊，丰富慢行层次。

（5）构建未来生活生产空间，复合空间业态，造就5G时代宜业宜居新高地

结合产业需求，配套数智产业服务设施，引入城市级生活服务配套，打造数字智能多享空间。

一轴一带，一芯九片

■ 一轴/核心发展云轴：
沿义隆路打造连接核心片区及节点的城市线性空间

■ 一带/滨河活力云带：
依托区域中央核心水系构建滨河活力绿廊

■ 一芯/数智之芯：
优化空间形态，引入会议展示等功能，打造数智之芯，营造区域形象，展示核心公共空间

■ 九片：

科创绿里　“智芯”研发中心　“智芯”终端设计

未来智谷　“云端”未来学院　“云端”未来科技　“云端”数字金融　“云端”信息服务

云上递都　“递都”总部经济　“递都”跨境电商　“递都”综合保税

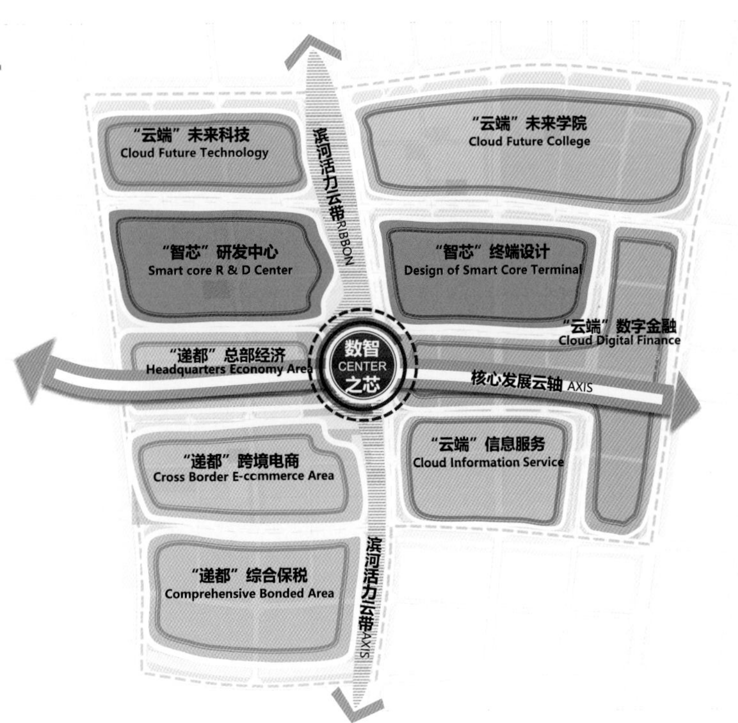

产业园空间结构

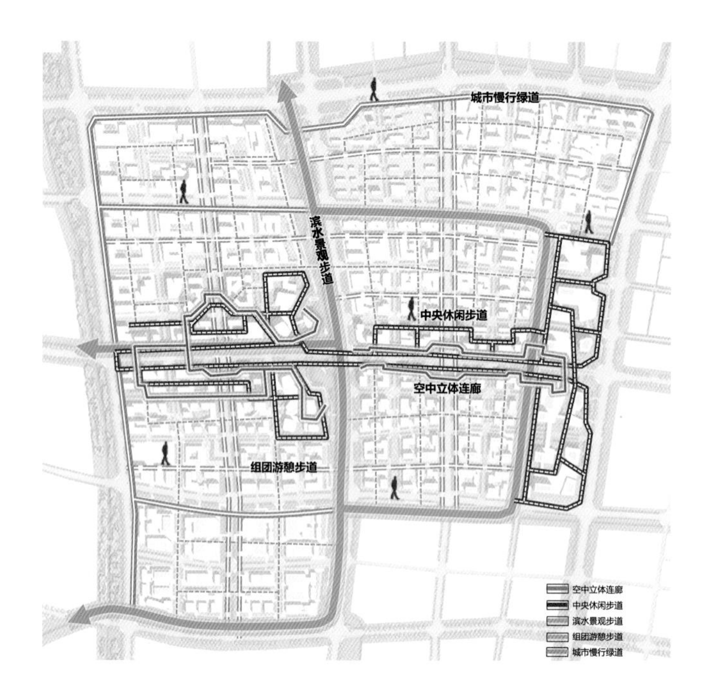

慢行交通系统

立体式串联路线

水陆空三维立体慢行格局。面，形成滨水景观步道。结合水面，布置亲水步道、梯层栈道。

地面，依次形成中央休闲步道、组团游憩步道及外围城市慢行绿道。沿义隆路及东入口充分组织地面休闲通道，串联中央核心功能区。并在各组团内结合景观节点形成游憩步道。

空中，形成空中立体连廊。结合义隆路两侧建筑，布置架空走廊，丰富慢行层次。

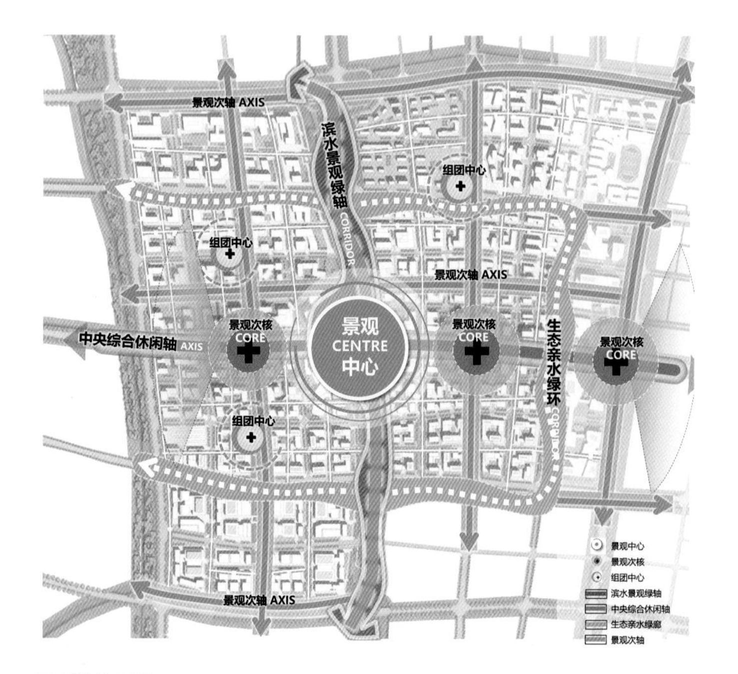

景观结构系统

网络状的城景合一

两轴一环多廊。

滨水景观绿轴，沿镇江路结合局部地形形成南北向景观主轴。中央综合休闲轴，结合周边功能区块，形成展现城市休闲风貌的景观轴线。

生态亲水绿环，串联组团内水系与沿路防护绿地布置亲水绿环。

一心三核多点。

景观中心，于两轴交汇处，结合中面形成中央景观核心。

景观次核，于中央休闲主轴与景观次轴交汇处布置，引导景观渗入南北组团。

核心发展云轴

滨河活力云带

发展环境与产业需求导向下的空间经营

杭州湾上虞经济技术开发区高端智造集聚区城市设计

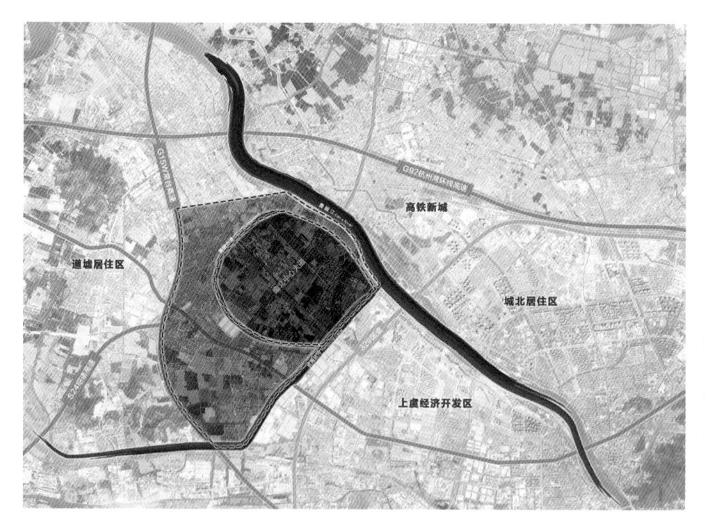

概念规划与城市设计范围

项目概况

绍兴积极融入杭甬都市圈，合力打造绿色、智慧、和谐、美丽的现代化大湾区。项目位于一区两廊的交汇点，是实现“拥抱大湾区、发展大绍兴”，支撑引领绍兴高质量发展的重要平台；旨在打造核心科教园和科技园，大力发展新技术、新产业、新业态、新模式，打造全省一流的创新创业主平台，重点推进曹娥江西岸教育科研资源和科创人才集聚；项目也是绍兴产业提升计划的重要实践区域。

概念规划范围为上虞经济技术开发区整合提升区，总用地面积约 13 平方千米。城市设计范围为核心区域，主要规划范围为曹娥江故道与曹娥江、杭甬运河所围合区域，总面积约 5.3 平方千米。

“空间经营”主要策略

（1）基地条件的梳理与经营

基地定位为上虞高端智造集聚区，包含高端智造、电子信息、教育科研、医疗服务等产业，是杭州湾上虞经济技术开发区的创智引擎。

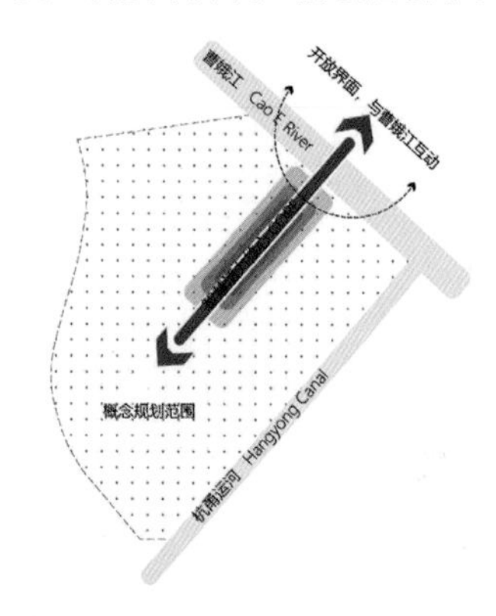

U+智慧活力核心

规划区的核心区与曹娥江进行界面连接，临江发展同时通过功能引导空间互动。

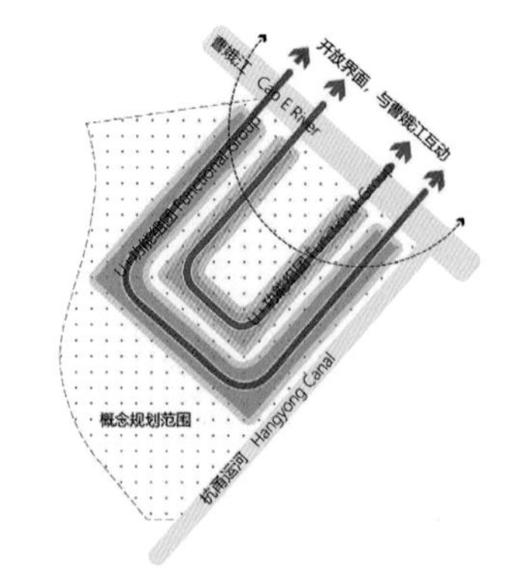

U+功能组团

规划区的各功能组团形成U形布局，拥抱曹娥江发展，打开城市门户界面。

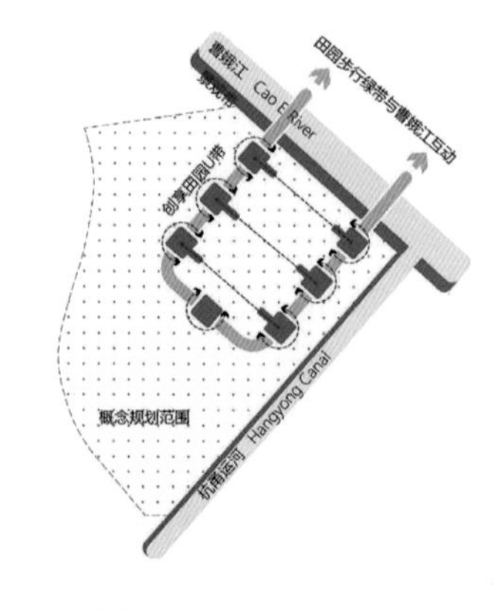

U+创享田园U带

规划区内形成以田园为主题的U型步道，在将田园景观融入到规划区内的同时与外界景观沟通。

U形空间结构设计，以曹娥江为主要展示面，拥江发展

根据《上虞区综合交通规划（2017—2035）》，基地在未来将处于铁路、高速的双重交通枢纽处，5 千米范围内将有多处高速枢纽和火车站点。基地将成为上虞最便捷的交通枢纽。基地内多所院校林立，是上虞高科技人才的聚集地。

基地拥有良好的生态脉络，有北侧的曹娥江与东侧的杭甬运河环绕，基地范围内水田交错、河塘点缀，设计范围更是由一圈水系环绕形成天然边界，尽显城缘乡野的原生秀美。

（2）提出“U+科创岛”的概念，打造兼具未来科技感与田园水岸特色的魅力之城，并与e游小镇携手，共同构筑绍兴科创大走廊的新极核

以U形圈层式布局产业科教、研发办公、综合服务三大功能板块，打造面向曹娥江发展的多样化功能组团和拥抱曹娥江的区域空间肌理。规划主要通过活力核心面向曹娥江生长，通过U形功能组团与曹娥江景观带互动，通过田园U带与曹娥江绿带进行联系。

同时在核心区重点打造由U+创享都市田园、U+智慧生活坊、U+研创信息坊、U+高教产业坊构成的“一园三坊”空间，承载科创岛未来公共服务与产业服务。

U+3产—现代服务业

沿长海公路两侧布局现代服务业，形成全生长周期的企业办公集群以及连续的商业服务闭环，打造活力核心。

U+2.5产—生产型服务业

“2.5 产业”是指介于第二和第三产业之间的产业，是为保持工业生产过程的连续性，促进工业技术进步、产业升级和提高生产效率而提供保障服务的服务行业。规划重点发展科技研发、信息服务的“2.5 产业”作为生活与生产片区的过渡。

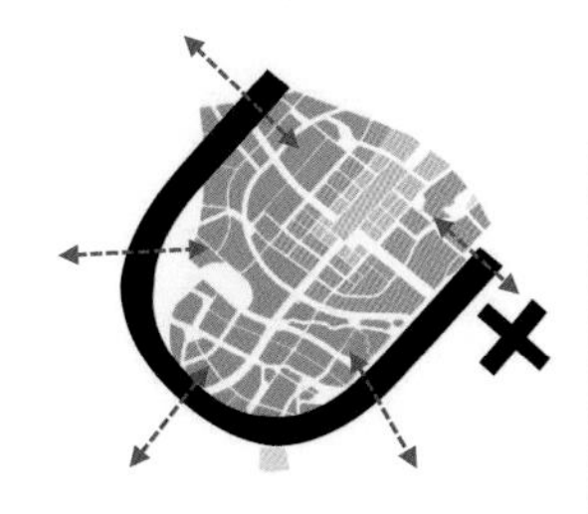

U+2产—高端智造业

与核心区内部的科技研发与信息服务产业、总部基地等形成呼应，形成制造业产业闭环。各个工业板块以其优势产业形成产业集群。

产业空间结构

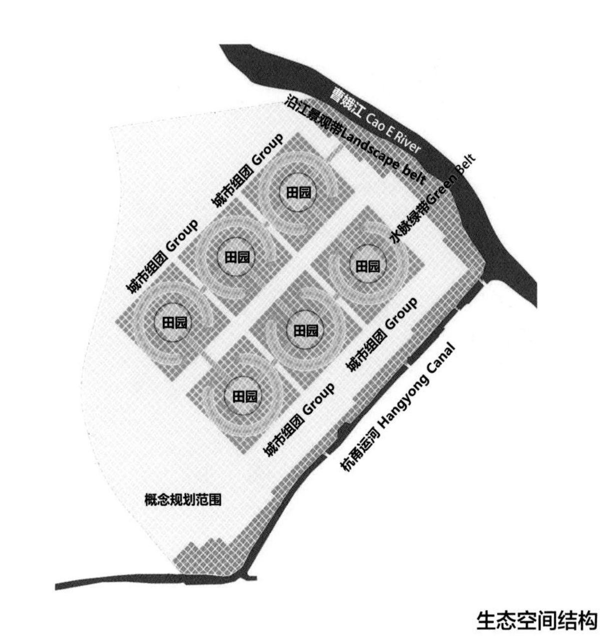

生态空间结构

（3）生态基底的保存与空间介入

设计从生态格局、功能结构等方面着手，对北部新城的水脉进行梳理和全域治理，塑造以水为脉、水网交织的城市生态网络。以现有丰富的水系为基础，充分挖掘水脉特点，塑造水系空间，通过蓝绿交织的手段形成“水世界”，结合水系特点，赋予“水生活”的品质。

基于场地原有的自然田园风貌，规划采用“融田于城”的设计手法，在基地核心区块内部分散设置块状生态田园，并以田园为核心，通过绿带联系，构筑基地的生态景观骨架——“田园U带”。围绕田园核心打造不同主题的城市组团，在城市中留存田园风光的美感。

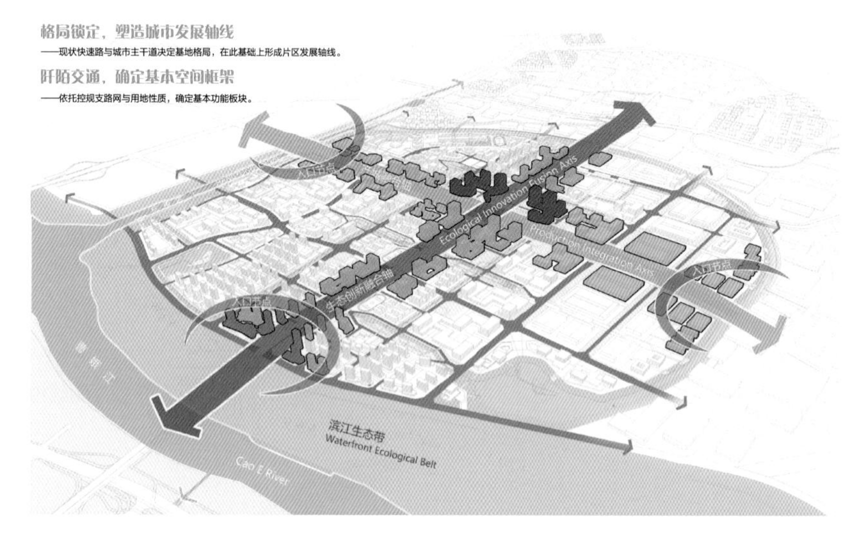

空间骨架系统

生态空间发展框架

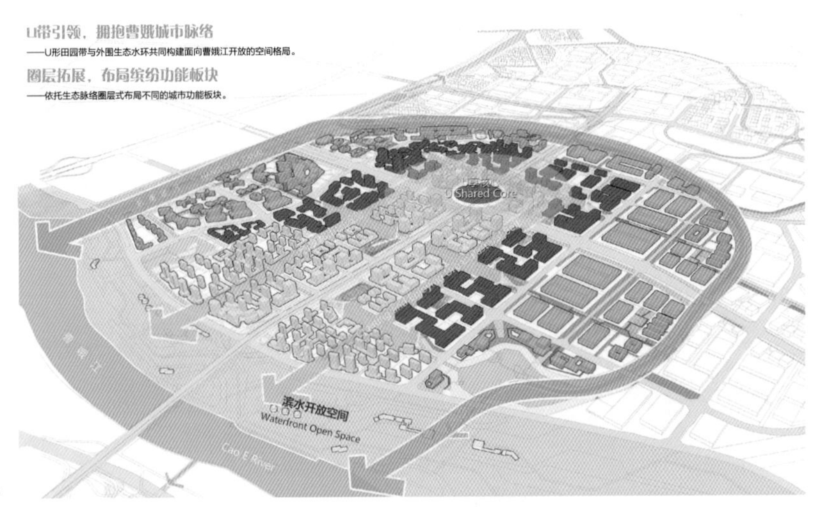

功能空间发展框架

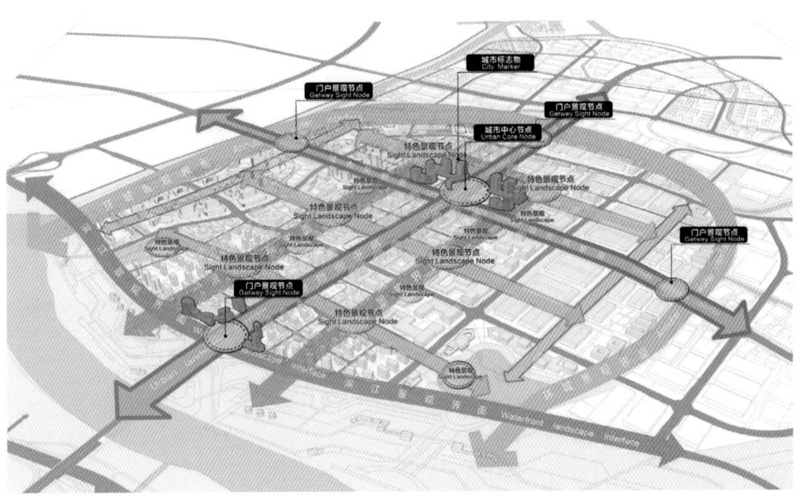

城市设计要素分布

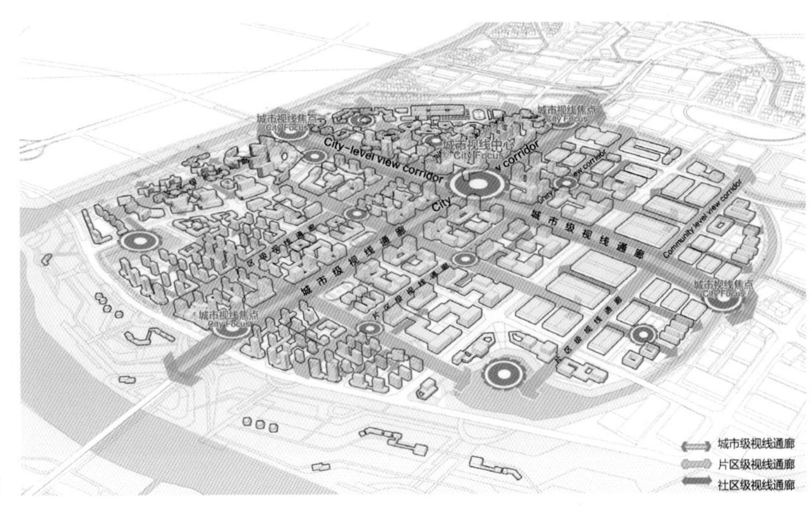

视线通廊视觉焦点分布

生态绿梭

滨水蓝脉

U+城市中心

U+共享田园

产业模式推导与空间规模测算

舟山市甬东区块概念规划及核心区城市设计

项目概况

甬东区块位于舟山市本岛南岸中央、舟山新城最西端，与定海区相邻。

本项目包含两个范围层次。城市设计范围东至惠华路，西至黎明路，北至甬兴路和海天大道，南至惠飞路，总面积约 1.04 平方千米，其中，除去山体、水系，建设用地面积约 0.93 平方千米。概念规划范围东至浙大舟山校区教职工公寓，西至油品运输公司，北至大岗墩，南至海岸线，总面积约 4.43 平方千米。

设计范围

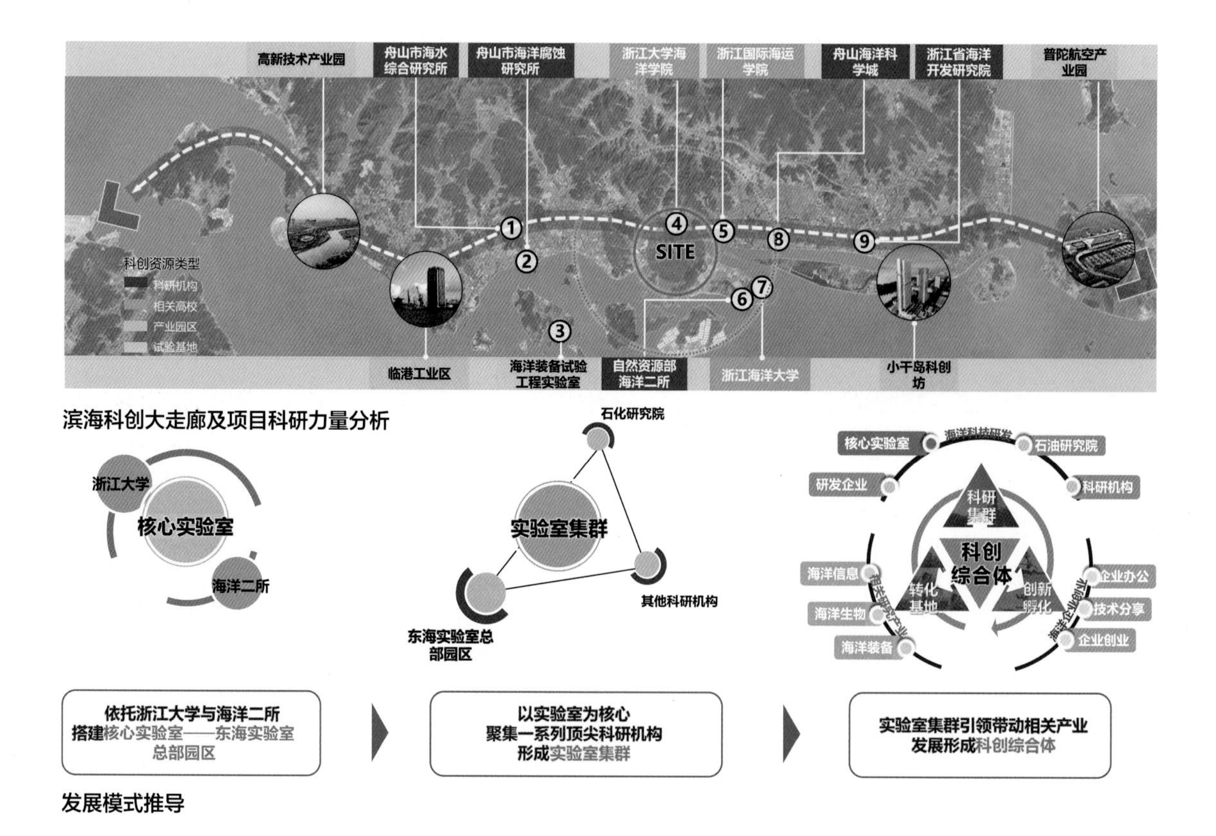

滨海科创大走廊及项目科研力量分析

发展模式推导

“空间经营”主要策略

（1）梳理上位发展规划，项目定位为滨海科创大走廊上的学术高地

大走廊串联起浙江大学海洋学院、自然资源部海洋二所、浙江海洋大学、浙江省海洋开发研究院等学术高地，形成滨海科研联动轴线系统。

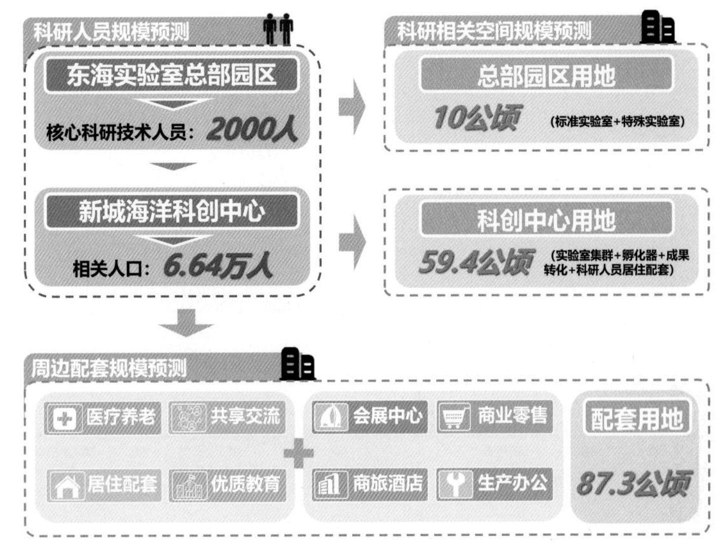

人口与用地规模预测

（2）研判现状，区域面临产业更迭、功能提升的需求

确立高附加值产业导向，补足商业、医疗、教育等功能短板。

（3）发展模式建议

以浙江大学海洋学院与自然资源部海洋二所为主要支撑，集聚全球海洋创新资源，助力舟山建设全球海洋中心城市，打造前沿实验机构引领，集科技研发、创新孵化、成果转化、产业示范、滨海休闲等功能于一体的未来绿色科技综合体。

（4）功能与规模论证

根据高新产业特点、功能构成的基本内容（科技研发、技术孵化、成果转化、配套服务）测算园区科研技术人员与总人口容量，预估产业园各类用地指标。

（5）形成“三轴五片、双核多点”的空间结构

三轴：产学研联动轴、滨海生活休闲轴、科研创新轴；

五片：科研高地、创新绿里、数字工坊、花园城区、高教园区；

双核：创新核心、休闲核心；

多点：科创码头、孵化中心、产业邻里。

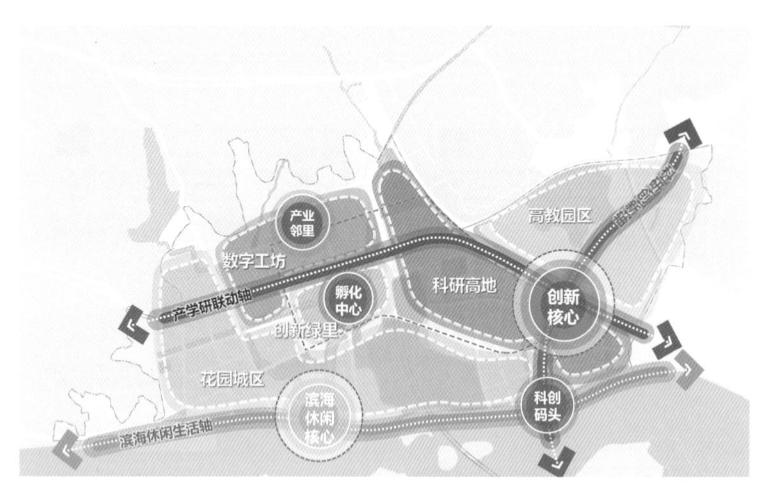

科创园空间结构

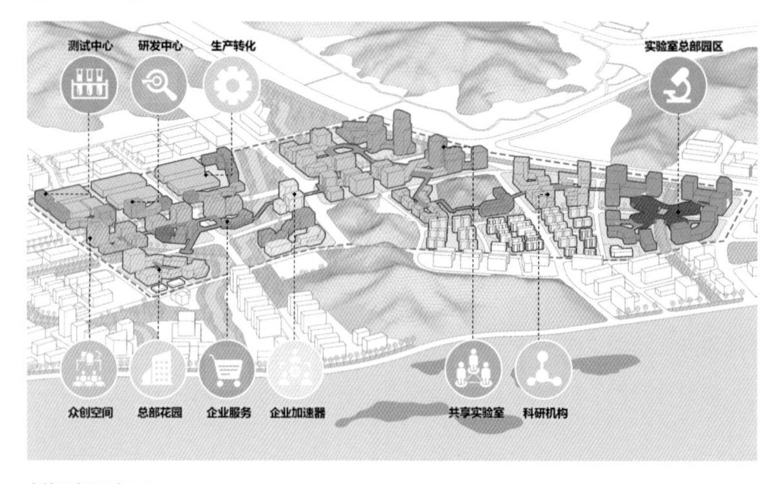

创智空间布局

（6）创智空间分类引导，绿脊空间连接共享

研发核心——东海实验室

设置高层建筑，同时在中心布置大体量研发建筑，并配备公共空间。

科研空间——复合实验室

设置高层实验室，满足大体量实验空间需求，并预留一定的X空间。

转化空间——示范工坊

大小空间相结合，保证不同体量企业的弹性发展需求。

孵化空间——众创空间

高层塔楼与底层商业裙房相结合，中间围合开放共享空间，满足不同孵化阶段企业对不同办公空间的需求。

山海入城

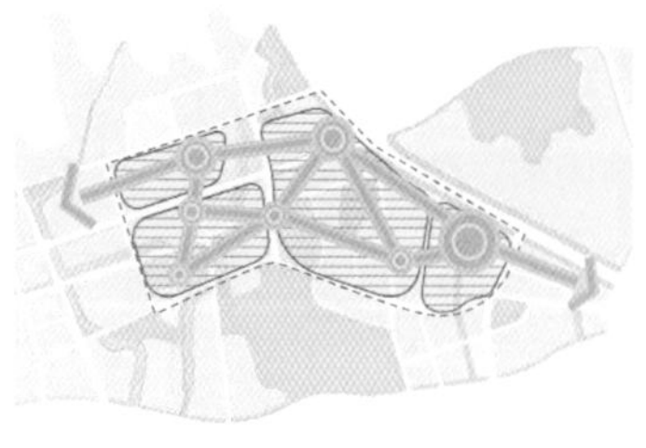

细胞形创智空间

绿脊形连接空间

研发核心

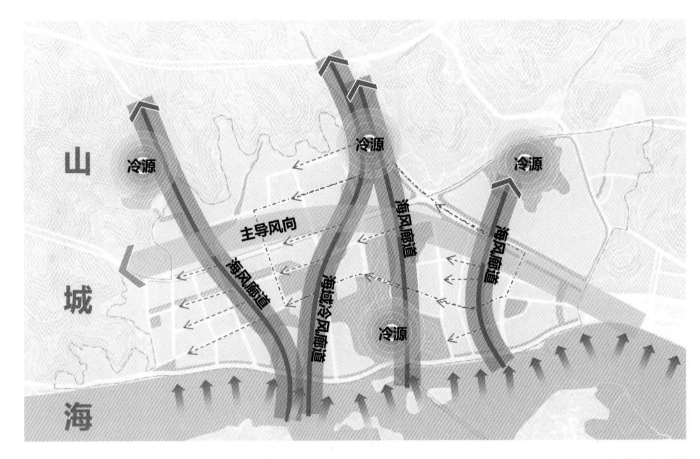

山海入城

科研空间

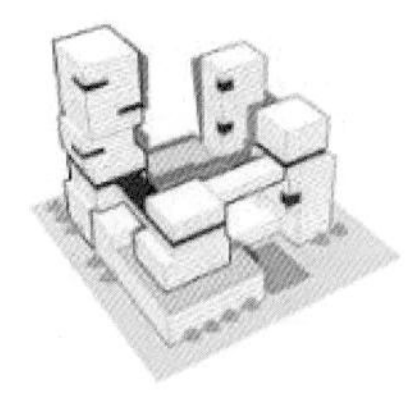

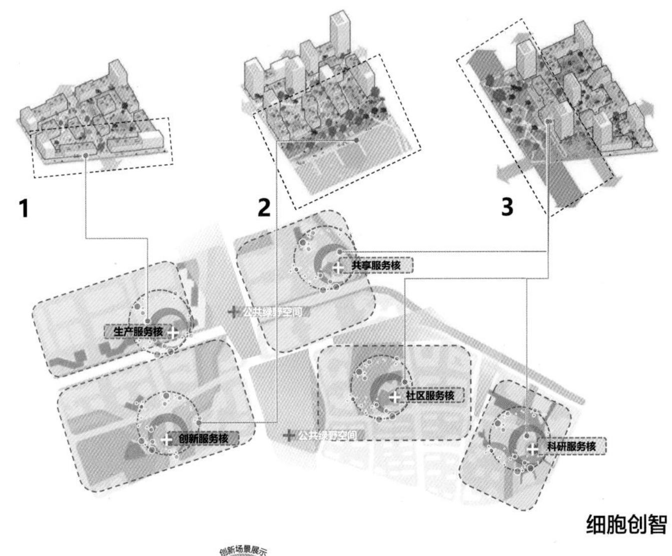

细胞创智

转化空间

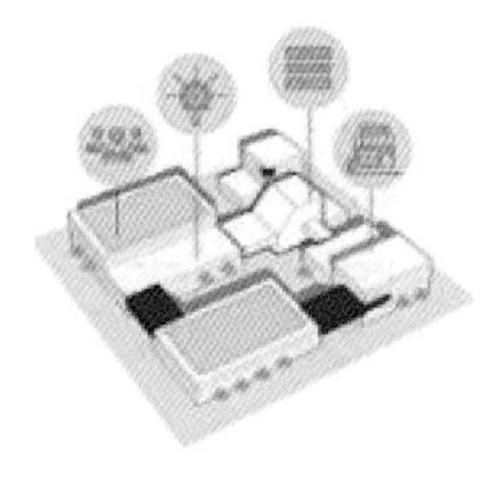

孵化空间

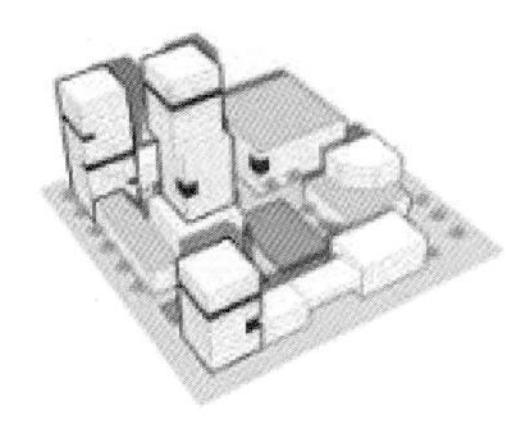

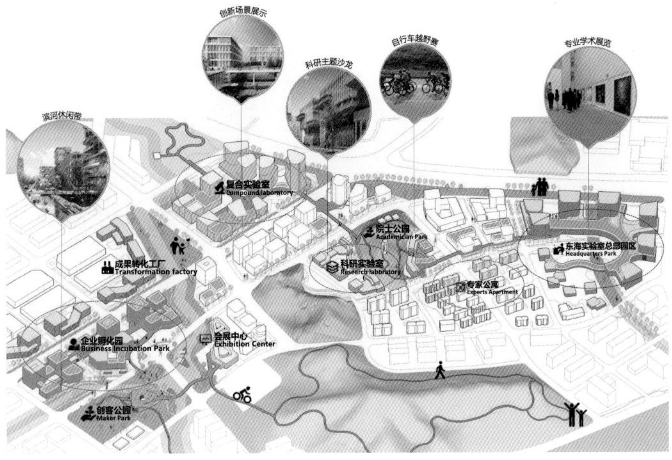

高线绿脊

示范工厂

绿色园区

3.2 新城镇化背景下的城市空间经营

新城镇化背景下，城市空间外延拓展打开了城市空间格局变迁的新局面：新兴城市边界的营造，旧有环境的利用与整改，各类特色小镇的开发与兴起，城乡风貌的衔接与统一，呈现出时代特有的空间变迁特征。

作为新兴时代的产物，新型城市空间的萌发、发展及其演变都遵循独有的规律。在这里，“城市空间经营”就是对这些空间变迁的潜在动因和客观规律进行分析，准确把握城市空间发展脉络，择优选取城市空间设计与建设的最佳方向与路径。而城市设计所设定的城市空间发展预期对于城市开发具有关键的导向作用，呈现出“经营理念”的重要意义。

产业发展导向的城市空间拓展

海宁许村新城总体城市设计

项目概况

海宁许村是长三角地区重要的轻工业城镇之一，轻纺工业是当地代表性产业，也是海宁重要的经济支柱。许村新城的规划旨在引领城市发展，对接杭州城市空间发展脉络，形成共赢共生的城市空间拓展新格局。总体城市设计范围北至沪杭铁路，西至临东路，南至S2甬杭高速，东至科天线；核心区范围约5.21平方千米，北至万隆路，南至杭海城际铁路，东至天顺路。

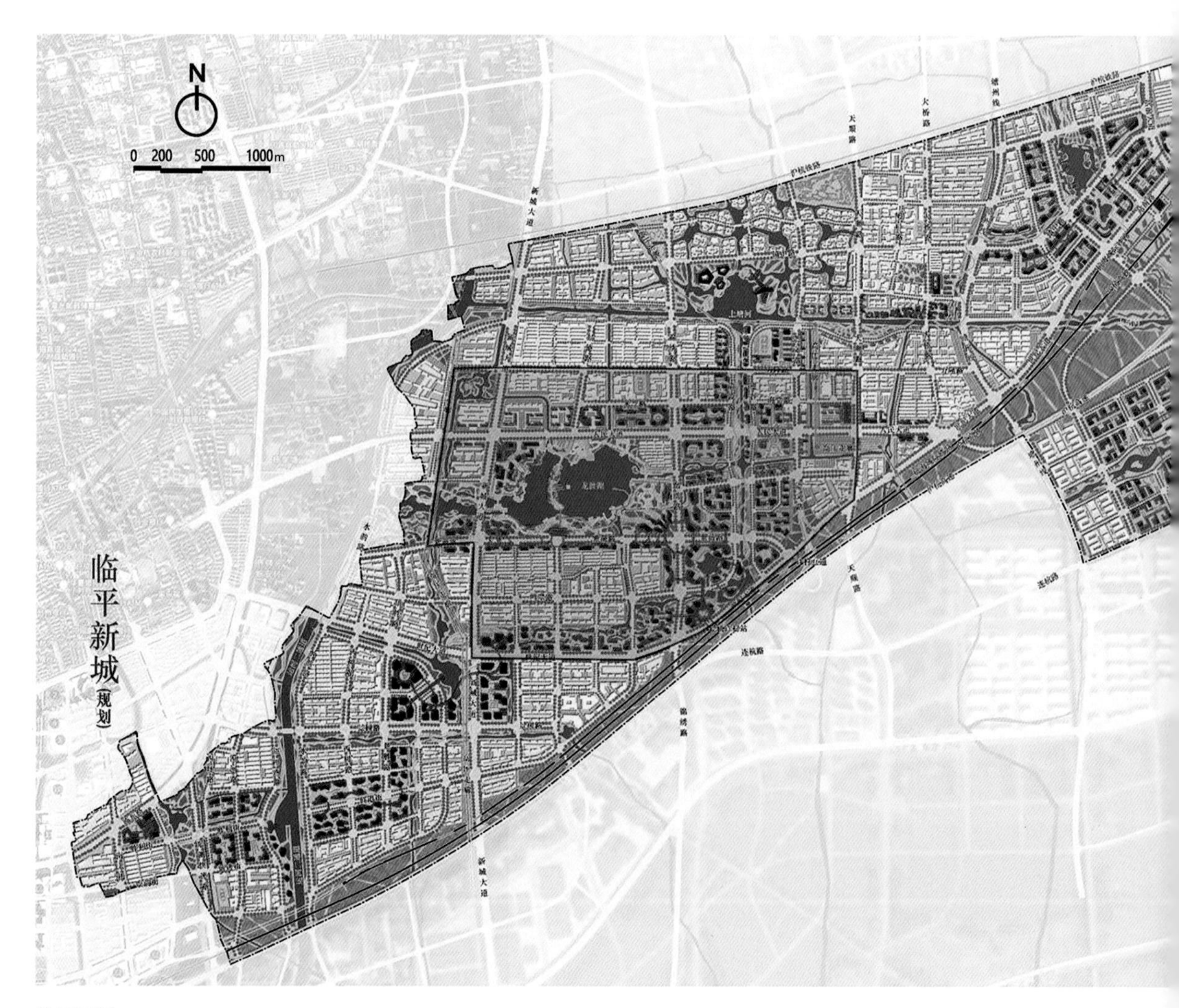

总平面图

“空间经营”主要策略

(1)对未来城市空间拓展趋势进行研判和分析

设计将研究视域放大，从区域发展角度解读产业发展导向下的新型城镇化空间发展趋势。杭州城东工业技术区以余杭经济技术开发区和下沙经济开发区为首，同时分布着许村、长安两镇的工业园及产业区；临平、乔司、九堡、下沙、大创小镇共同形成了C形综合服务环，许村将成为使其形成闭环的最后一段。故设计应由此进行项目功能角色定位，引导新城发展复合创新产业，赋予其亲享生态的新型都市空间个性。

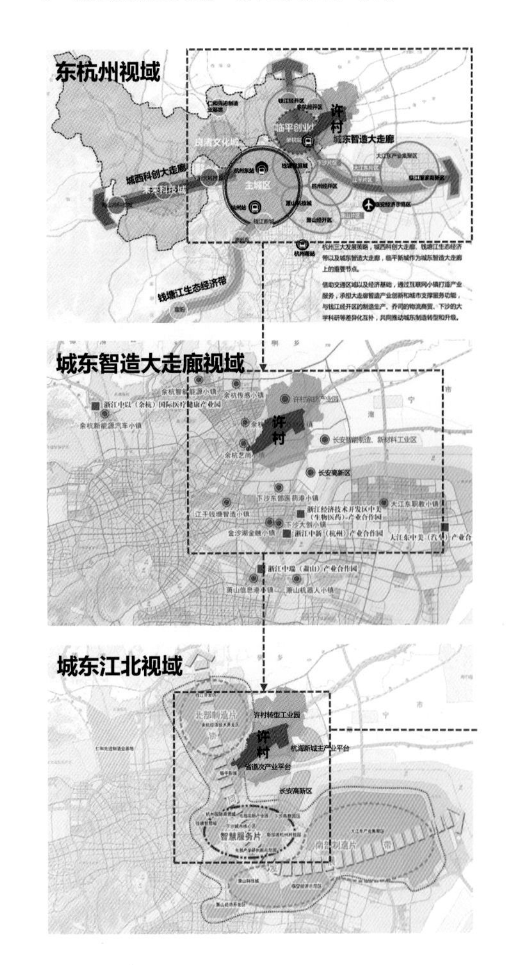

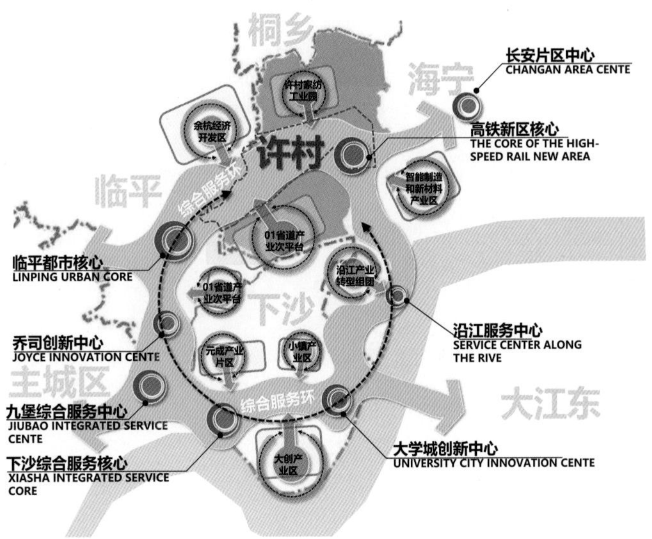

城市空间拓展趋势

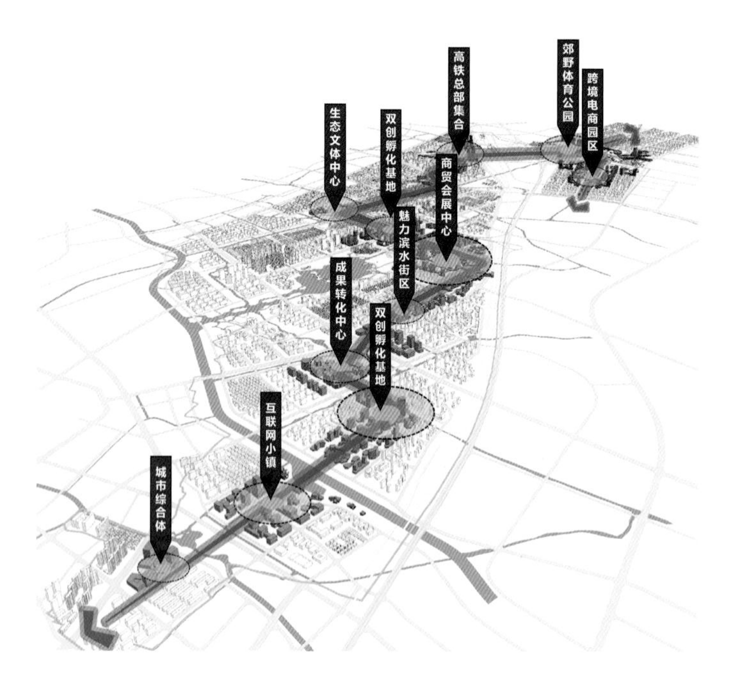

空间脉络

（2）综合现状建设开发情况，做切实可行的空间发展规划

在对现状建设开发情况、城市面貌、交通等条件进行综合分析的基础上，叠加既定区域性基础设施要素影响，得到场地价值及功能适配分区结果，为城市设计提供空间层面依据。利用规划范围内大小河流十余条，以及面积达 21 公顷的龙渡湖，积极组织建立系统性生态景观空间秩序，发挥水乡湖域的生态基底优势。

整体鸟瞰效果

（3）顺应城市空间发展脉络，构建城市空间形象

外联——衔接区域发展格局，确定发展方向

基地西南包含临平新城运河创意园创新服务中心（互联网小镇），联结临平新城；东侧包含杭海新城高铁新区核心站前区，联结长安新城。二者与许村新城将共同构成内外联动的发展轴线。

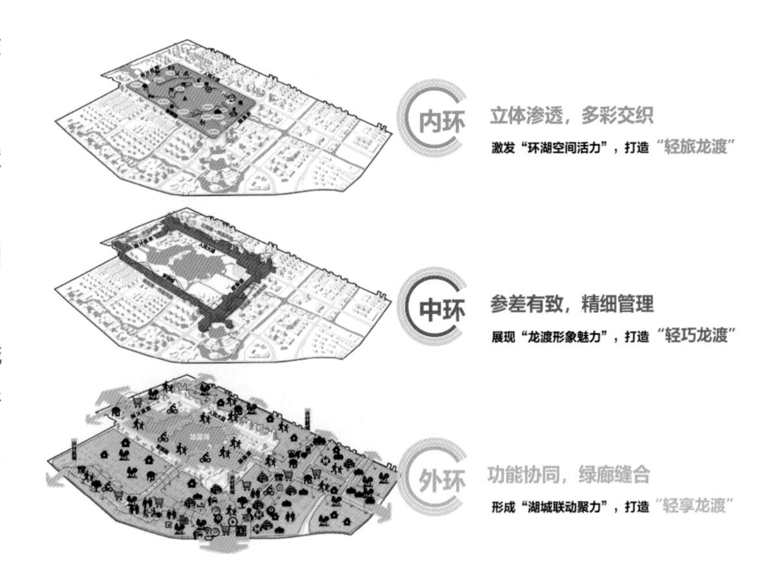

核心区三大策略亮点

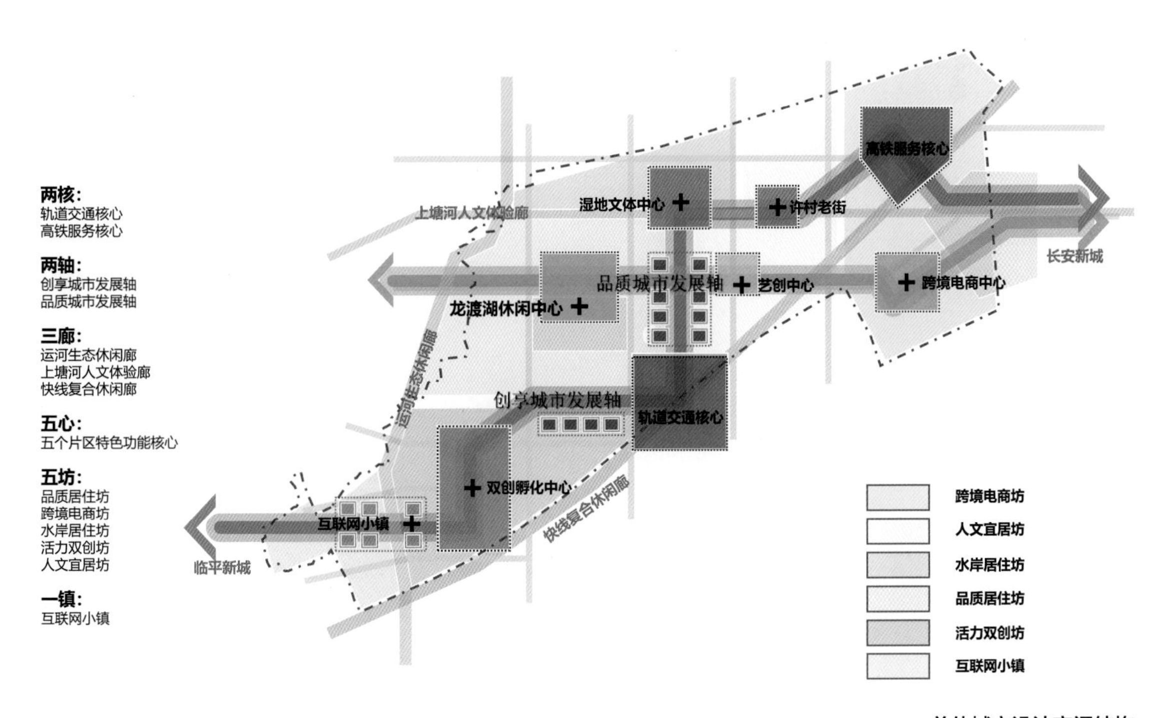

总体城市设计空间结构

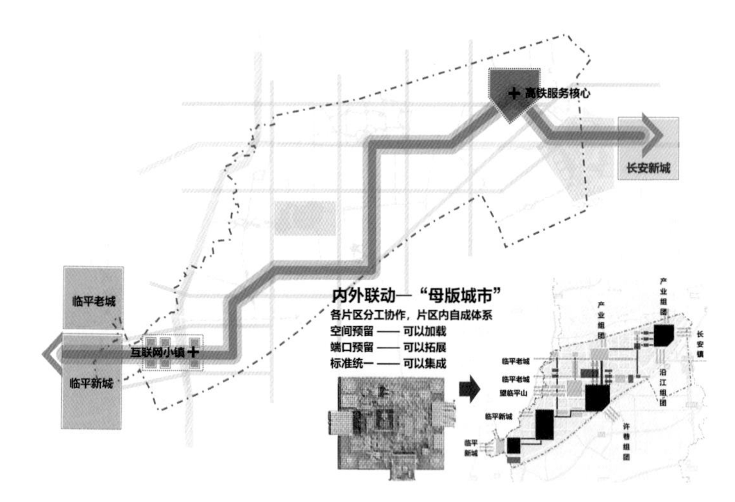

外联——衔接区域发展格局，确定发展方向

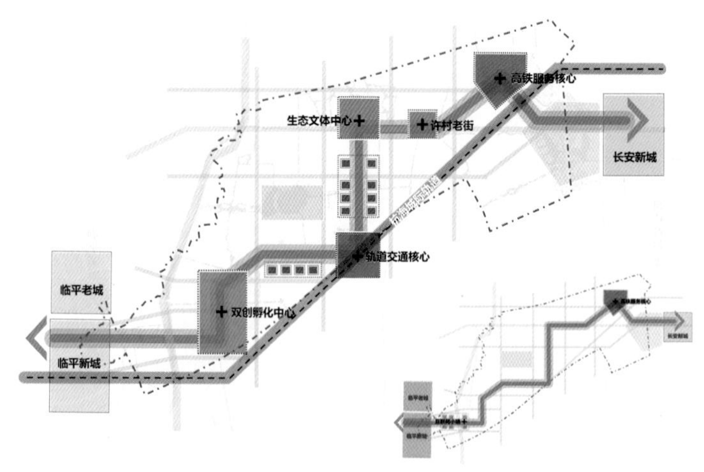

内塑——创享城市发展轴线

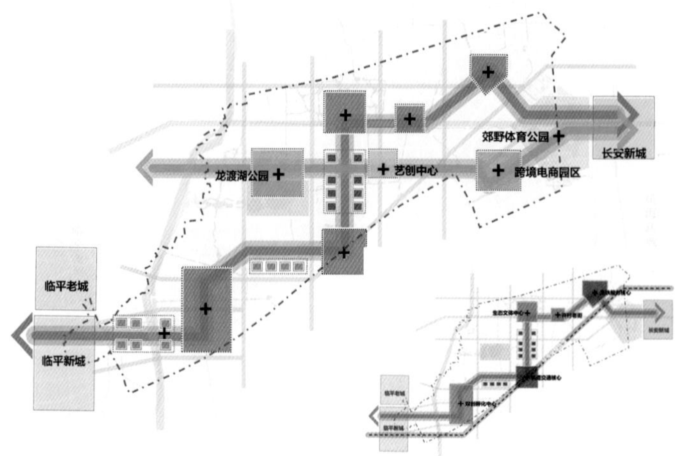

内塑——品质城市发展轴线

内塑——创享城市发展轴线

功能构成以总部经济、商贸会展、商务办公和新零售为基础，以跨境电商（跨境电商园区）和创意研发（双创坊）为特色。秉持共享、延续的设计理念，将创新产业核心功能结合河流、湖面及绿色通廊，进行一体化设计，打造适宜慢行、环境优美的城市创享主题空间。

内塑——品质城市发展轴线

在建成项目的基础上进行总体协调完善，集聚居住、居民服务、商业、办公、电商园区等功能，以人民大道为依托，充分利用龙渡湖公园、湿地通廊、郊野体育公园、滨水绿带公园等生态绿地，通过合理控制建筑高度，形成开门进绿、开窗见景的品质职住轴带。

（4）核心区空间结构塑形

一带：新城总体发展主带。

一轴：许村轻轨站与龙渡湖区块的联动发展轴线。

两心：以许村轻轨站为发展重心的轨交核心及以龙渡湖为发展重心的生态绿心。

五廊：打造五条生态廊道，构筑龙渡湖地区生态骨架，融合并形成湖城联动聚力。

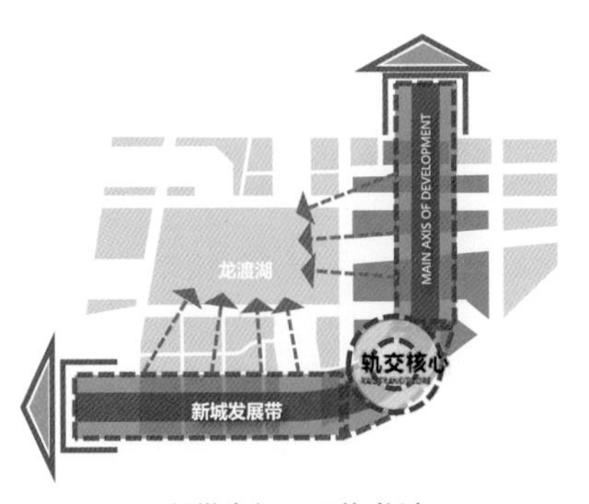

1.以带为怀，环抱龙渡

2.以轴为线，联动龙渡

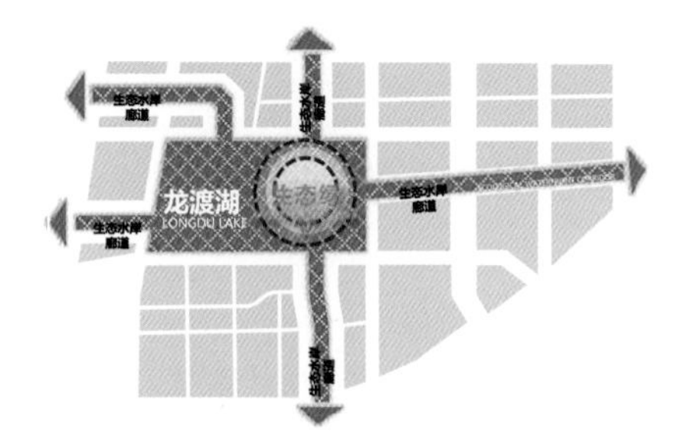

3.以廊为媒，共融许城

空间结构推演

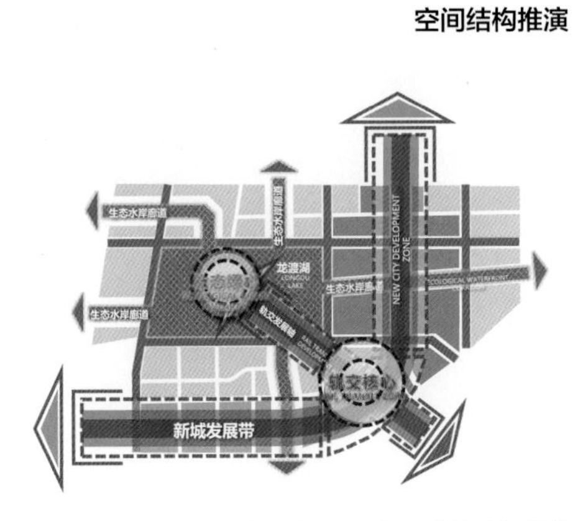

一带一轴、两心五廊的空间结构

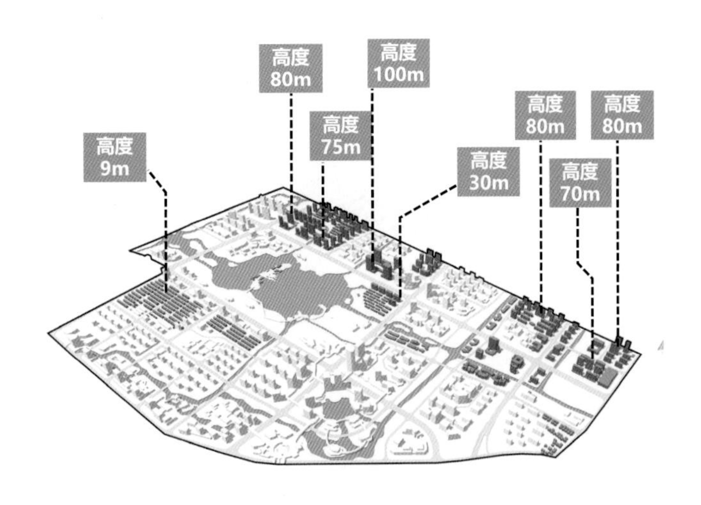

1.摸排场地建筑现状

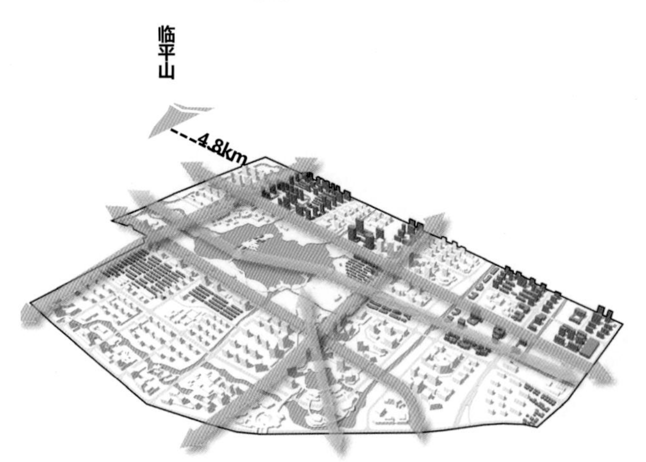

2.疏通核心视觉通廊

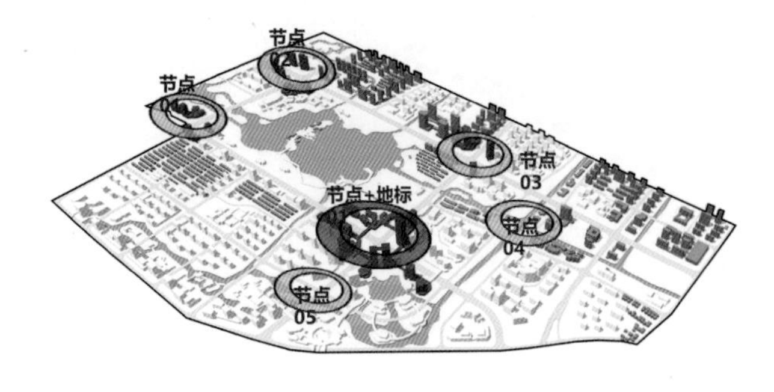

3.确立核心地标节点

城市设计要素的控制

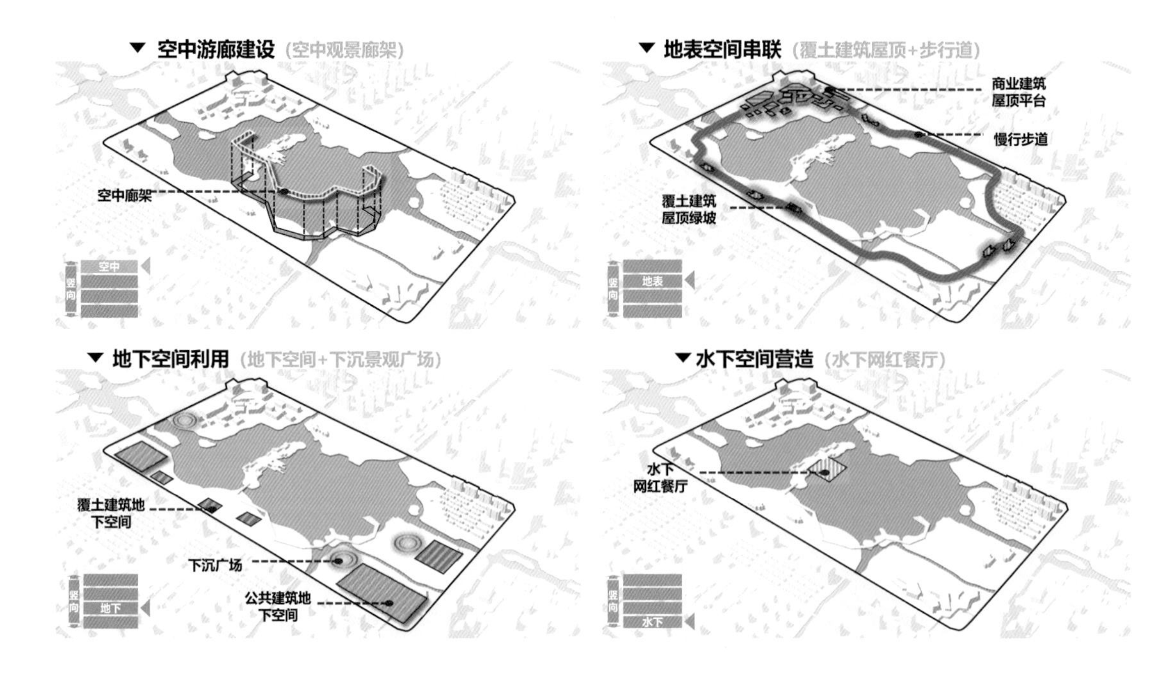

立体渗透

核心区鸟瞰效果

- **1片网状络开放空间**
  以龙渡湖及向外延伸的廊道为核心构建网状开放空间
- **1组地标簇群**
  在核心空间节点处通过设置高层建筑或商业办公综合体形成空间地标，彰显城市形象，丰富空间序列
- **2类界面**
  沿城市廊道及龙渡湖第一界面进行重点界面控制，形成连续且富有空间韵律的城市界面
- **2条轴线**
  人民大道由东向西的空间轴线及轻轨站与龙渡湖联动的空间轴线
- **5处节点**
  城市主路交叉口及重要的景观空间形成的空间形象节点
- **5大廊道**
  沿城市主要道路及景观通廊形成的城市主次廊道

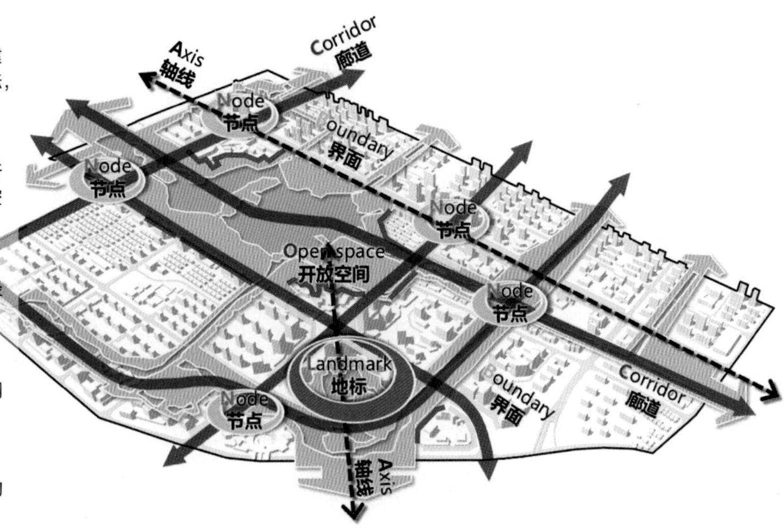

核心区城市设计整体框架

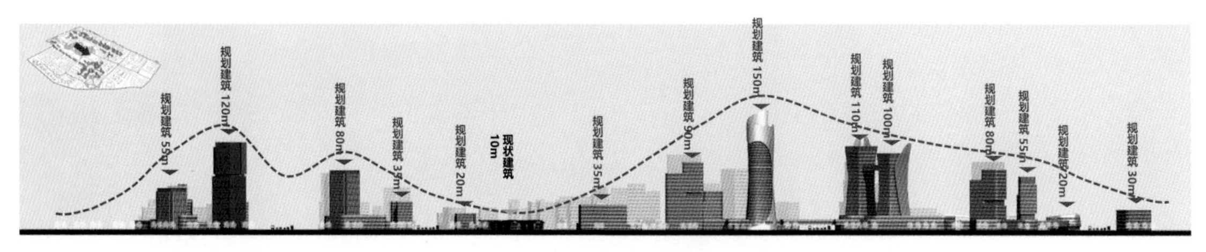

龙渡湖东立面

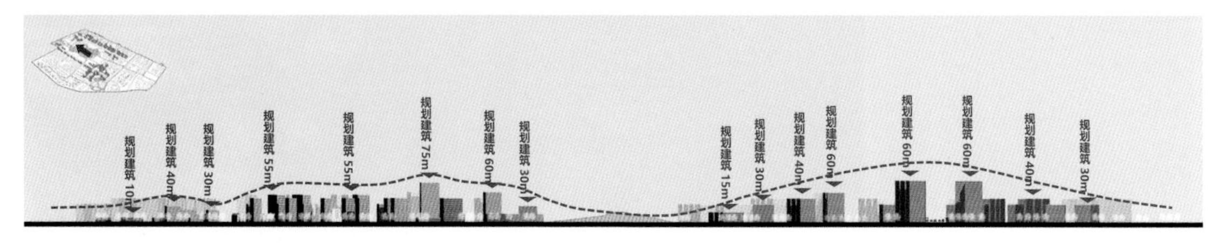

龙渡湖西立面

城市空间轴线界面的控制

城市新空间与新产业的兴起

萧山机器人小镇规划与城市设计

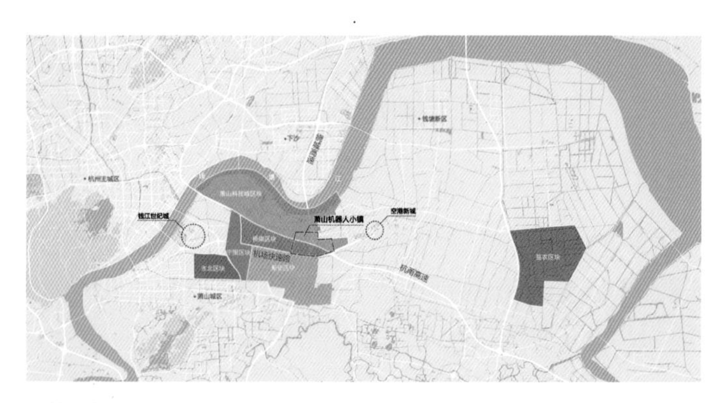

区位分析

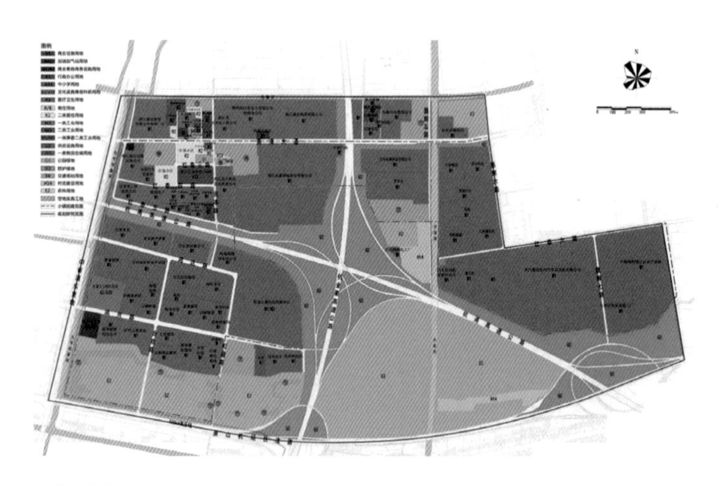

用地性质

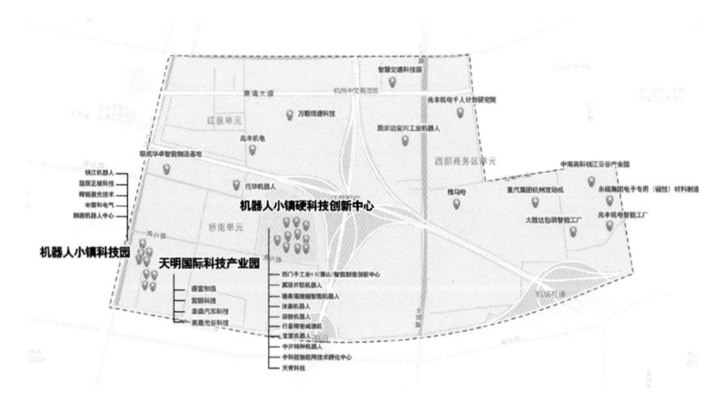

重要企业分布

项目概况

机器人小镇位于萧山科技城和桥南区块，紧邻空港新城；绕城高速、杭甬高速、机场快速路穿过机器人小镇并在此交汇。规划范围东至先锋路和垦辉六路，南至萧山机场快速路，西至 03 省道东复线，北至先锋河，用地总面积约 7.52 平方千米。

随着杭州市综合能级的提升及大湾区战略的发布，杭州市的影响辐射范围得到极大拓展，发展建设的视野从城市内部扩大到整个湾区。乘着这个势头，机器人小镇发展区位也从中心城区边缘一举跃升到大湾区的中心位置，区位优势显著，资源配置的能力大大提升；在整个湾区尤其是湾区腹地的竞争当中，机器人小镇有潜力成为湾区时代“杭州制造”向“杭州智造”转型的产城融合标杆区。

土地利用现状呈现传统的工业园区用地特征，可利用建设用地空间有限。可用于开发建设的用地总面积约 7.52 平方千米，除去公路用地 51.51 公顷、非建设用地 27.36 公顷、防护绿地 206.2 公顷，剩余可用于开发建设的用地约 467.2 公顷，占规划范围面积的 62.1%；建设用地以工业用地为主，面积约 308.61 公顷，占建设用地面积的 59.45%。

“空间经营”主要策略

机器人产业链分为研发设计、核心零部件制造、本体生产、系统集成和终端应用，主要产品有工业机器人和服务机器人两大类。设计应围绕机器人产业的组织与经营打造合理的空间模式与格局分布。

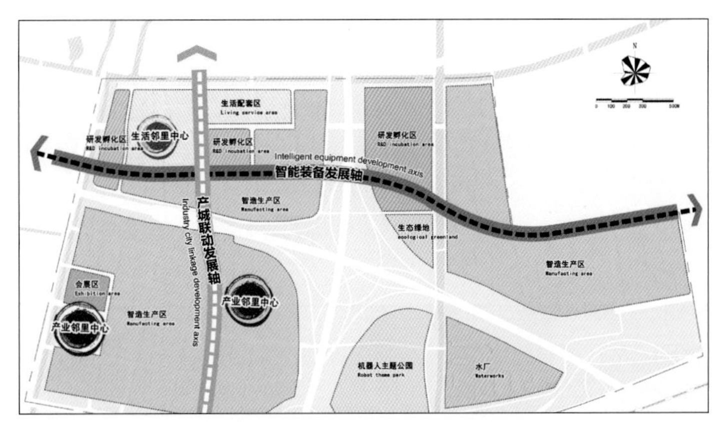

“三心两轴四区”的空间结构

（1）打造机器人产业生态圈

产业生态圈是指从六个维度构建动态循环、发展进化的产业系统，以应对产业空间分布动态性带来的不确定性，既强调企业主体间上下游协作配套关系，又包括其他支撑产业发展维度。

构建“商业、游憩、公共、文化”四大配套功能板块，建立完善的配套服务体系，提升机器人小镇软实力，塑造萧山机器人小镇的个性魅力，做到真正的产城融合、宜居宜业。

协同创新空间：依托高校、科研院所等创新资源，围绕“技术源头创新－成果转化－产业孵化－创新产品”链条，形成以产学研用联动创新为主导的协同创新空间。

总部创新空间：构建科研型功能平台，引入和培育国际知名企业创新研发总部，形成以企业自主创新为主导的总部创新空间。

空间落实：重点考虑打造创新极核，引领功能区创新发展。

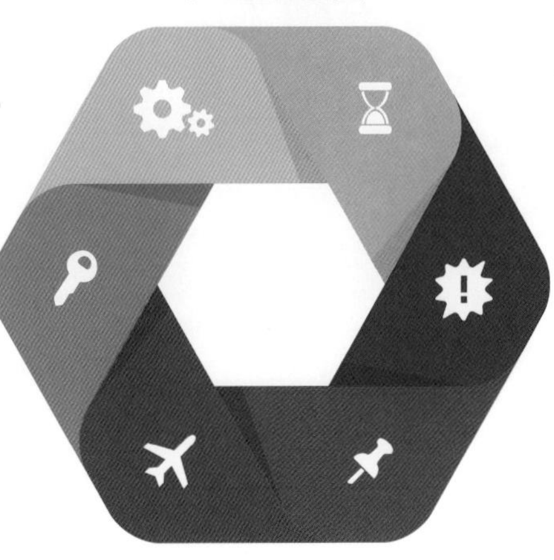

生产维度

围绕主导产业构建一个完整的核心－配套－支持产业体系，理清产业环节之间的关系。

服务维度

提供产业发展所需的各类生产服务，有针对性地优先布局各类重要的生产服务设施。

公共维度

优化公共服务设施配置，制定和实施各类产业发展政策、法规，维护产业发展的良好经济运行环境。

人才维度

提出产业发展所需的人才队伍的引进策略，制定分类招引策略，保障产业功能区发展的人才供给。

科技维度

打造“产学研用”联动机制，构建科研发展与产业发展相互促进、相互支撑的体制，激发产业创新活力。

基础设施维度

构建高效便捷的交通体系，高标准建设符合产业发展需求的市政公用基础设施，为产业发展提供高质量的基础设施支撑。

（2）打造服务机器人应用示范生活区

积极开展服务机器人的应用示范生活区建设，在衣、食、住、行、用等多个方面应用服务机器人，并形成示范效应。

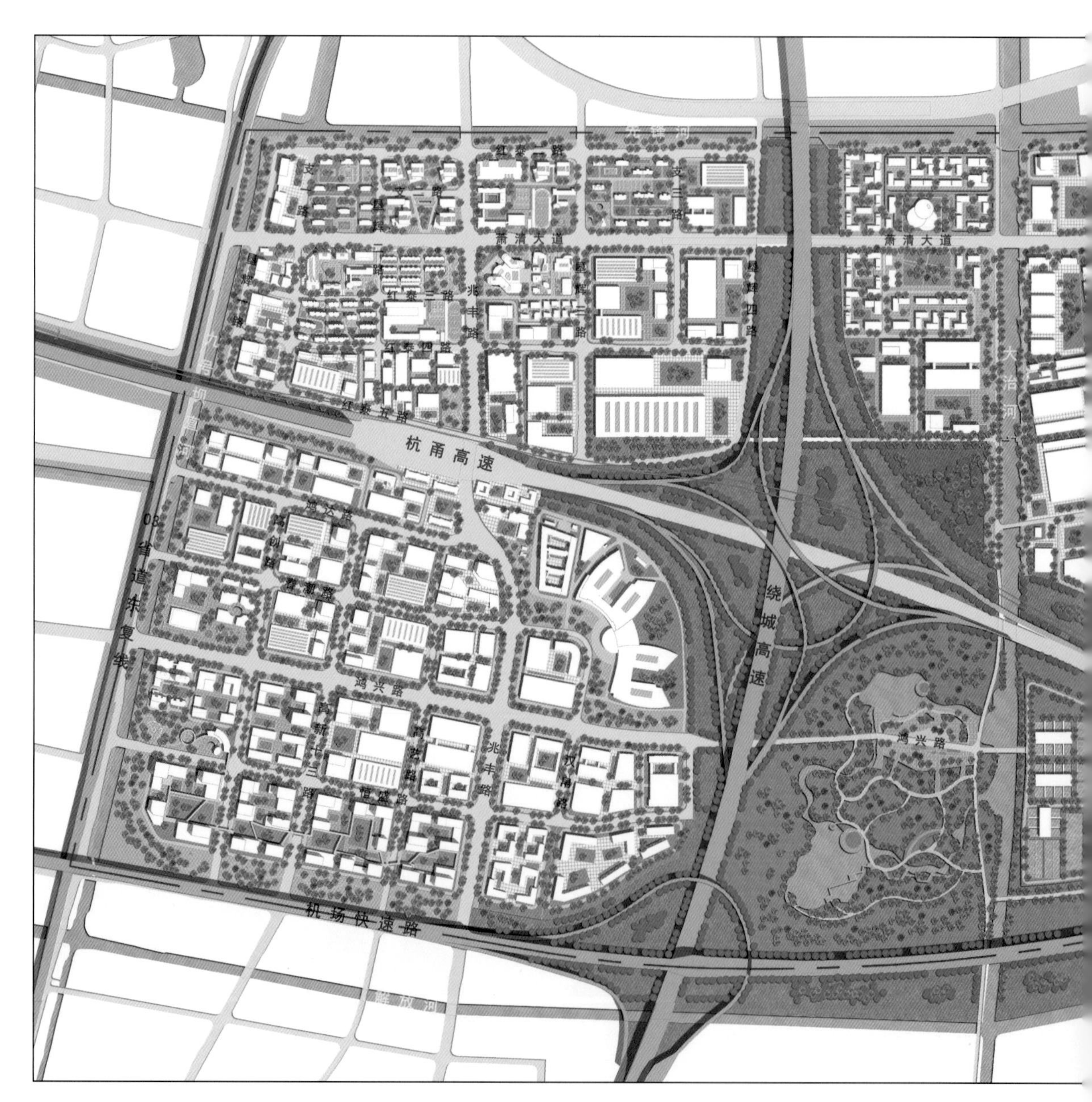

总平面图

机器人医养中心：结合三甲医院设立机器人应用示范医院，如在萧山人民医院的基础上，建设机器人应用示范医院，集手术机器人、康复机器人、护理机器人和服务机器人于一体，打造综合性医院示范工程。

机器人社区：在机器人小镇范围内建设模范社区，引入社区安防机器人、居家护理机器人和家用扫地机器人，建立机器人示范社区。

人工智能交通系统：在机器人小镇交通网络基础上，选取一段作为服务机器人示范区，引入无人驾驶公共汽车、无人驾驶自动清扫车等服务机器人，进行示范应用。

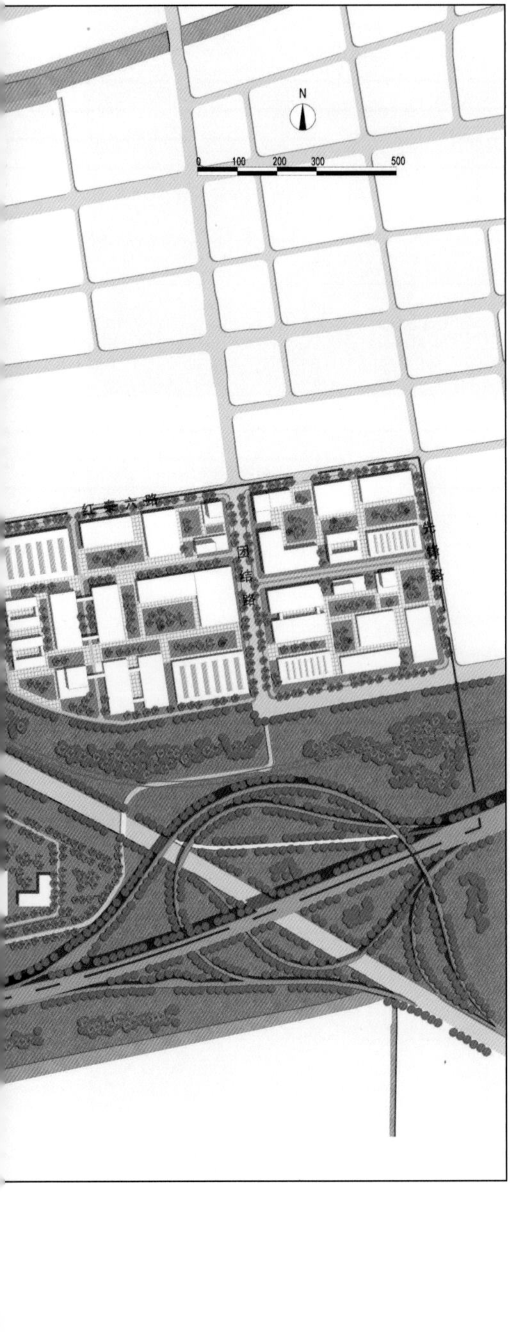

其他示范应用：引导其他服务行业，例如建设机器人银行、机器人健身馆等，打造服务机器人示范生活区。

（3）拓展博展中心功能

将机器人博览中心拓展为科、教、文、娱多功能复合的综合体，集科技博览、文化创意、科普教育、竞技比赛、主题旅游、休闲娱乐等多种功能于一体。

机器人教育培训基地：打造全方位、全年龄段的泛机器人培训基地，包括省级乃至全国级的培训基地，例如机器人职业技术培训基地、青少年机器人创客培训基地、泛机器人文创产业培训基地等。

博展功能：具有展示展览、互动体验、举办机器人赛事等功能，集中展现机器人、人工智能等领域的科技成果。

机器人学术交流平台：承办各种国际性机器人学术论坛，争取成为若干项国际顶级会议、论坛的永久举办地点。

泛机器人娱乐区：建设以机器人为主题的游乐场区，可让游客、访客与机器人进行互动游戏，形成特色机器人旅游景点。

（4）打造机器人小镇运营管理体系

可参与的小镇风情活动；

可参观的智慧运营中心；

可游玩的小镇魅力动线；

可体验的小镇创意文化。

设计蓝图一

设计蓝图二

3.3 可持续发展与城市空间的经营路径

可持续发展作为人类文明延续的首要原则，在城市设计中主要体现为自觉关注人类赖以生存的生态环境的延续，以及自身文脉和地域特色的维系。

城市由人类繁衍聚居之地逐渐演化而来。无论是山林丘壑、大漠戈壁，还是湖水涟涟、小溪潺潺，皆是人类文明的生发与孕育之地，是城市起源和生长全过程的陪伴与见证。在不同的生态环境中，人类世代绵延，积累和呈现出独具特色的风土人情和地域风貌，历史与人物构成丰富的历史文化与文脉传承。以上共同演绎成为城市发展和建设中独树一帜的城市形象，也是人类文明可持续发展的重要呈现和承载。

3.3.1 生态型空间资源的经营路径

独特的生态和环境是一个城市特有的本底资源，是城市历史与文脉的根源载体。城市空间经营的首要目标是保护好城市“山－水－城”的空间格局，塑造独特的城市景观环境，为城市生态资源达到最优化利用提供长远的效益保障。

山、水具有截然不同的空间氛围与地理气质，生态型空间资源的经营可从下列路径切入。

山体环境往往是城市的空间背景，也可能成为城市空间天际线的重要内容。设计者需要关注等高线走势、高程变化的呈现，人工建筑物与山体环境的协调，山林地貌交通的可实施性，山体要素景观系统的梳理与运用，以及山体土地资源使用效率、开发效益与土方的平衡。

对于水泽晕染的城市，首先要充分保护和发挥好水体作用。不仅要关注水体的景观性与实用性，也要充分认知水体防洪防汛、潮汐涨落对城市生产和生活的生态影响。城市水系往往还承载了人类大量的历史人文典故，基于这一重要的城市脉络，整合历史文化资源，将其融入城市公共空间系统，可达成有形空间营造与无形文脉传承相结合的意境。

针对不同生态条件，应采取不同的设计策略。对于生态空间资源特征突出的城市，应从生态本底要素衍生城市设计理念，着重实现生态空间资源保护与城市发展两者的协调；对于生态空间资源条件不佳的城市，则要深入地梳理、挖掘和引导其生态条件，通过规划与城市设计，一体化实现人工营造与自然环境的相互融合与促进。

地形地貌的因势利导

遵义市碧云峰生态健康城城市设计

现状地形高程分析

现状地形坡度分析

现状地形坡向分析

项目概况

贵州省遵义市中心城区为“一主两副一带”的“双带+组团”式空间结构。项目位于城市主城区的西侧，是中心城区西侧的生态节点；规划区面积约4.22平方千米，范围内地形复杂、高差变化大，山地、林地、景观资源丰富。

“空间经营”主要策略

（1）以地形分析为基础，进行用地开发经济性评价

基地地形属于贵州山地，海拔范围为840至1228米，地形复杂多变，大部分地区坡度超过25度。通过叠加用地现状地形、高程分析、坡度分析、坡向分析，对山地与建设用地的平衡进行科学论证，形成适宜建设用地的分析结果；结果显示，适宜建设用地主要集中在基地东侧、西南侧和北侧。

（2）面对山体合围的地块狭长特质，着力研究提高用地使用效率

首先，适宜建设用地狭长且与城市距离近，需妥善处理地块出入口与城市的交通问题。针对地形复杂、高差变化大的特点，在先期道路市政设计阶段介入，进行道路线

形坡度设计及土方平衡测算，保证主路线形平顺。

其次，研究不同功能的植入与联动效应，着力实现带形建设用地的效率提升。整体空间格局沿山生长、与山融合，将山体作为重要景观要素。布局上以因山就势的景观道路形成“健康绿带”，构建H形空间骨架，串联护理社区单元、商业设施、社区服务中心等，并在骨架连接处布置公共服务设施。

最后，依据前置土方平衡与测算，研究开发经济合理性。

(3)比对多方案，选择最优解

通过比对不同开发强度方案，选择最合适的开发容量和建筑高度，在生态保护与经济效益之间寻求平衡。

通过选择不同的道路方案，综合评估与测算高程、土方和造价，比较分割用地的使用和效果，择优选择线路，优化道路系统设计。

现状土地适宜性分析

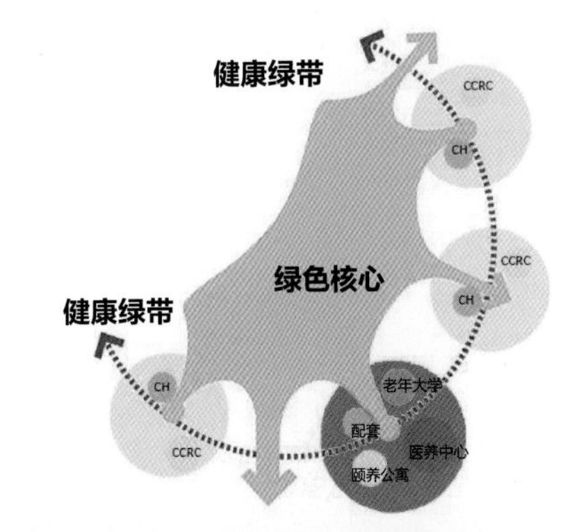

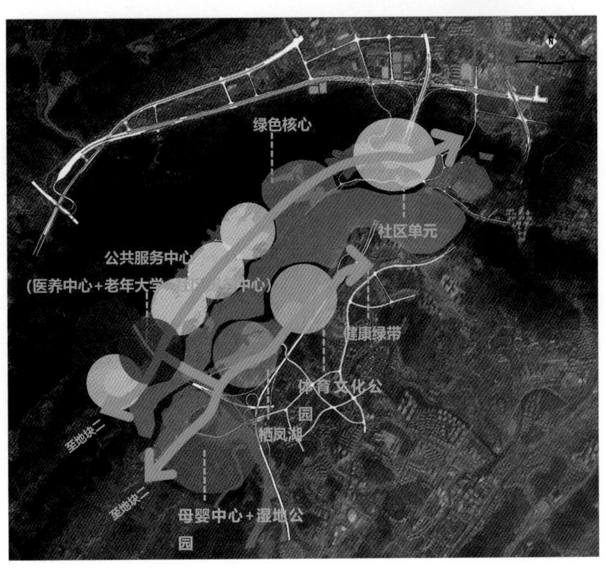

空间模式分析

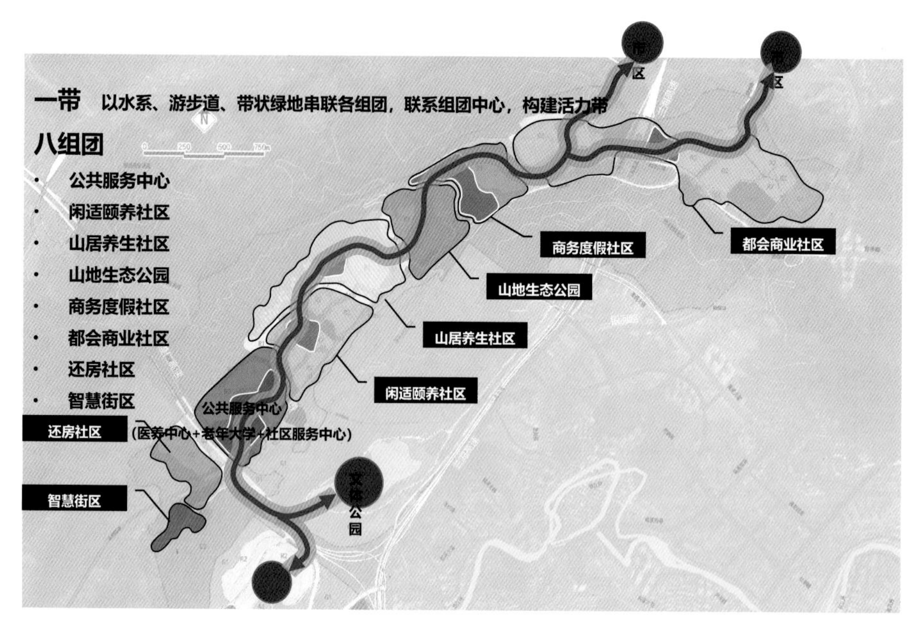

空间结构分析

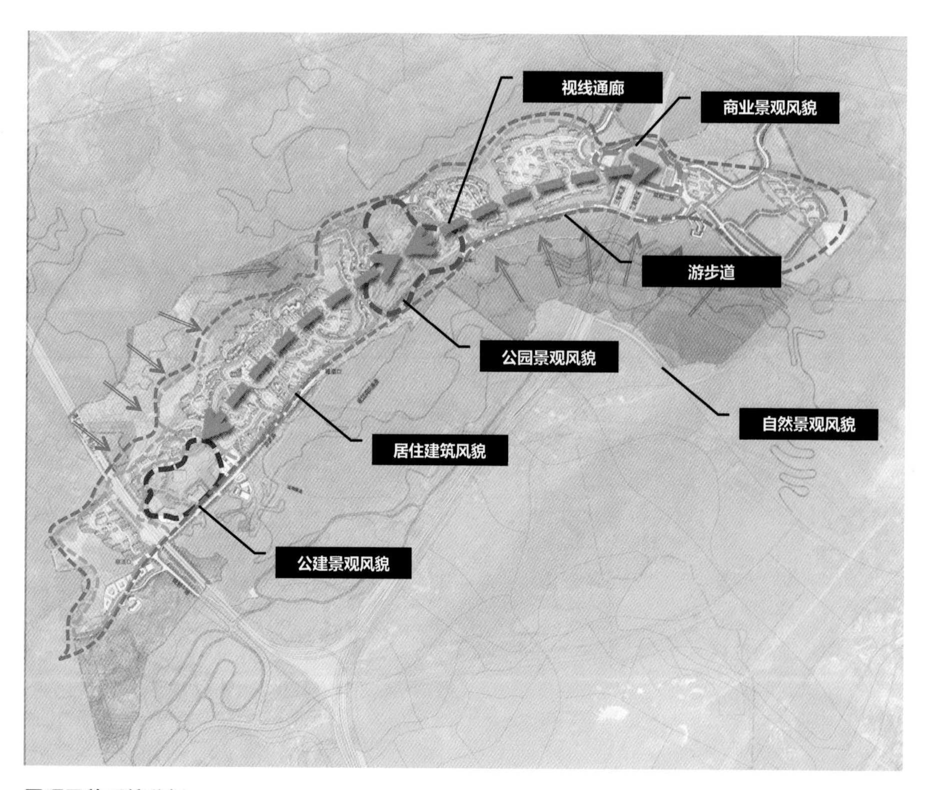

景观风貌系统分析

（4）综合人工环境与自然山体景观资源的高程分析

综合分析周边山脉高度以及场地标高对城市天际线构建的影响。山脚的建筑高度最大，山顶的建筑高度最小，建筑高度随着山势的增高而降低；不同高度的建筑分布位置相对于整个基地而言描述性都很强，行走其间，通过目测就可以大致判断所在的位置；同时各区域至高点代表性建筑不构成对山体视线的影响。

低开发容量方案（122.38万㎡）

注重生态化设计，最大程度契合优良自然环境
根据不同地块所处环境特点布置建筑类型
低层、多层、小高层均衡配合

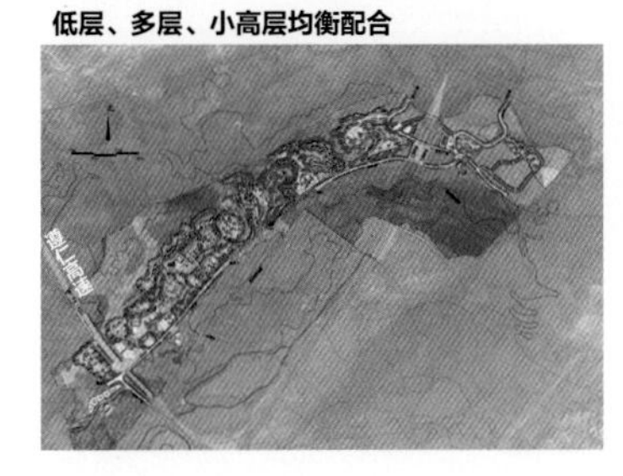

高开发容量方案（208.51万㎡）

增加开发量以平衡投资成本，提高用地使用效率
建筑以小高层、多层为主
建筑密度较低，建筑高度较高

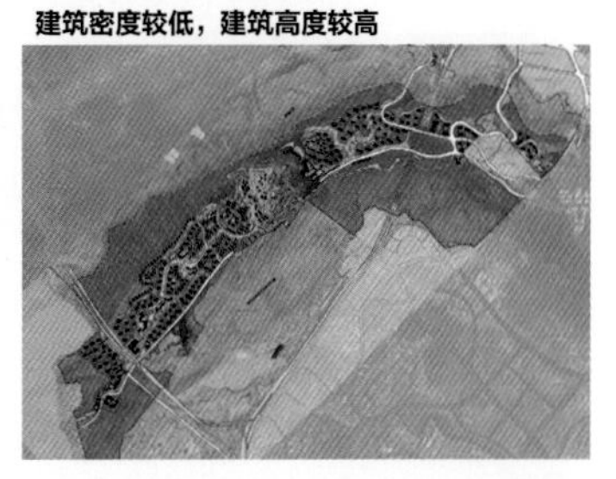

不同开发强度比较

方案一（自然型）

道路：以自然型式为主，顺应地形
高差：变化丰富，平均高程较高
方量：相对较高
隧道：标高较高，长度较短，造价低

方案二（规整型）

道路：线型更加顺直
高差：变化平顺，平均高程较低
方量：相对较低
隧道：标高较低，长度较长，造价高

不同道路选型比较

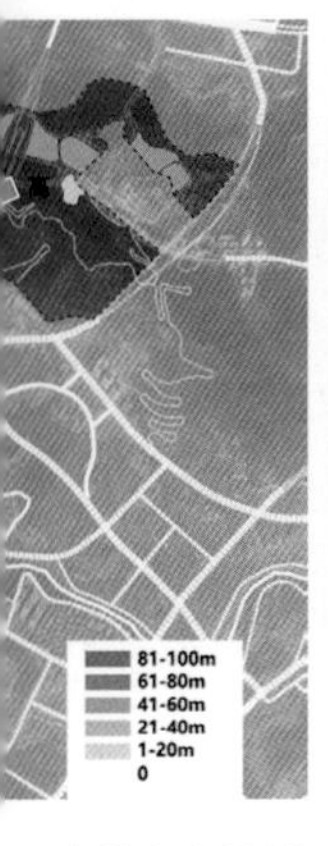

建筑高度控制

用地开发强度控制

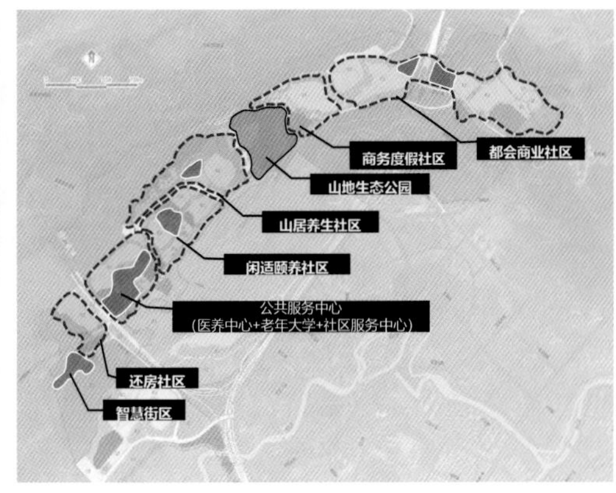

建筑风貌控制

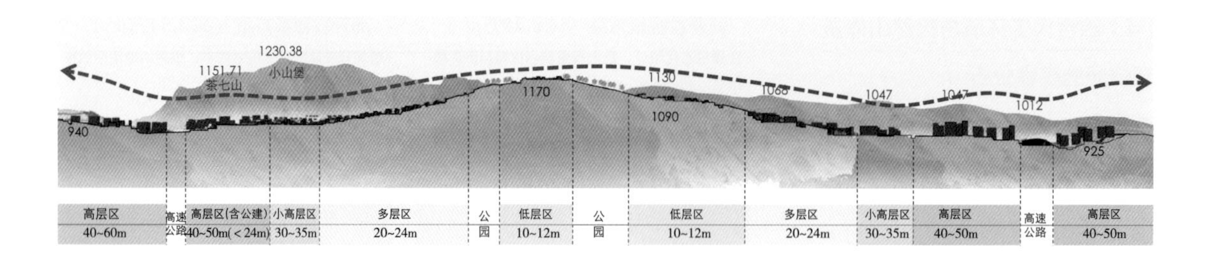

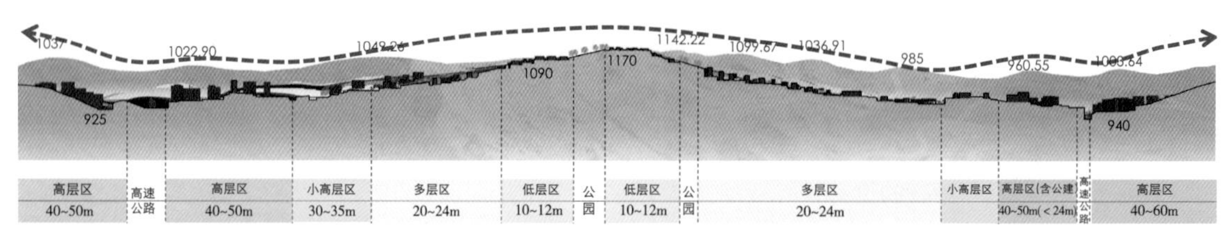

基地周边山体环绕，处于“两山夹一谷”的谷地之中，城市设计中的建筑高度均低于周边山峰，不构成对其他山体的影响；且基地山峰最高点处的建筑隐藏在林木之中，与基地南北两侧山体均形成良好呼应。

天际线引导规划图一

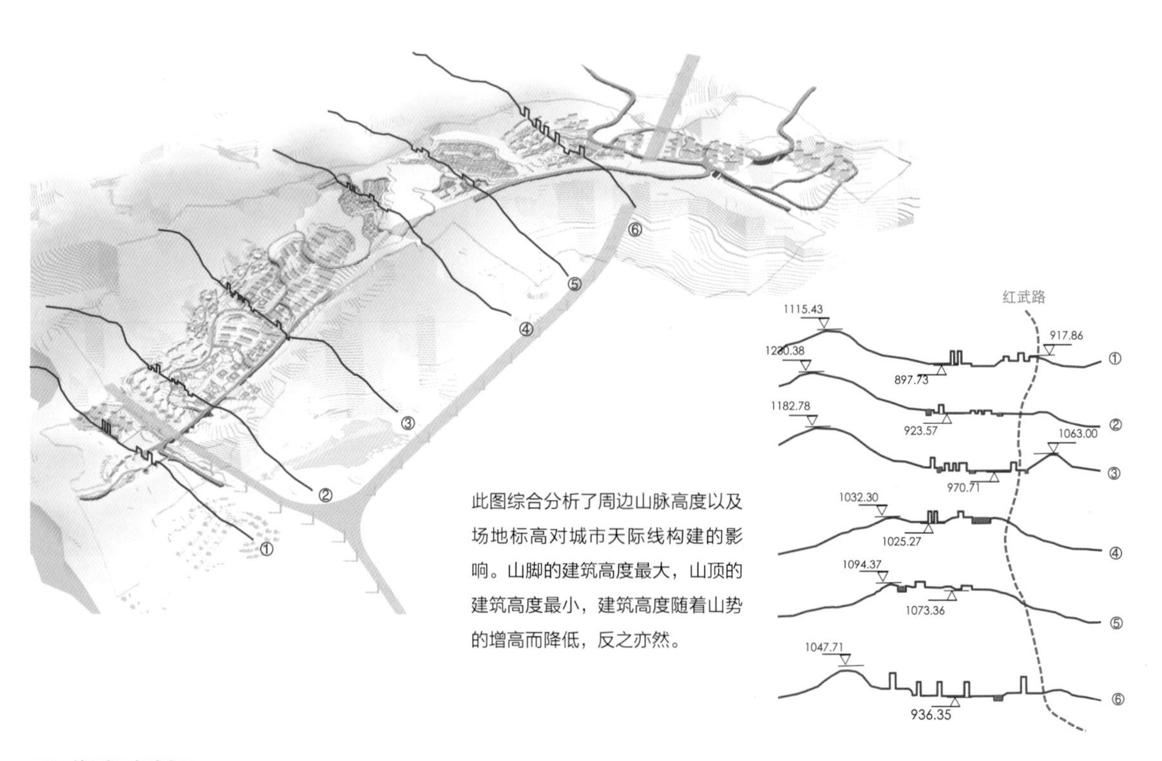

此图综合分析了周边山脉高度以及场地标高对城市天际线构建的影响。山脚的建筑高度最大，山顶的建筑高度最小，建筑高度随着山势的增高而降低，反之亦然。

天际线引导规划图二

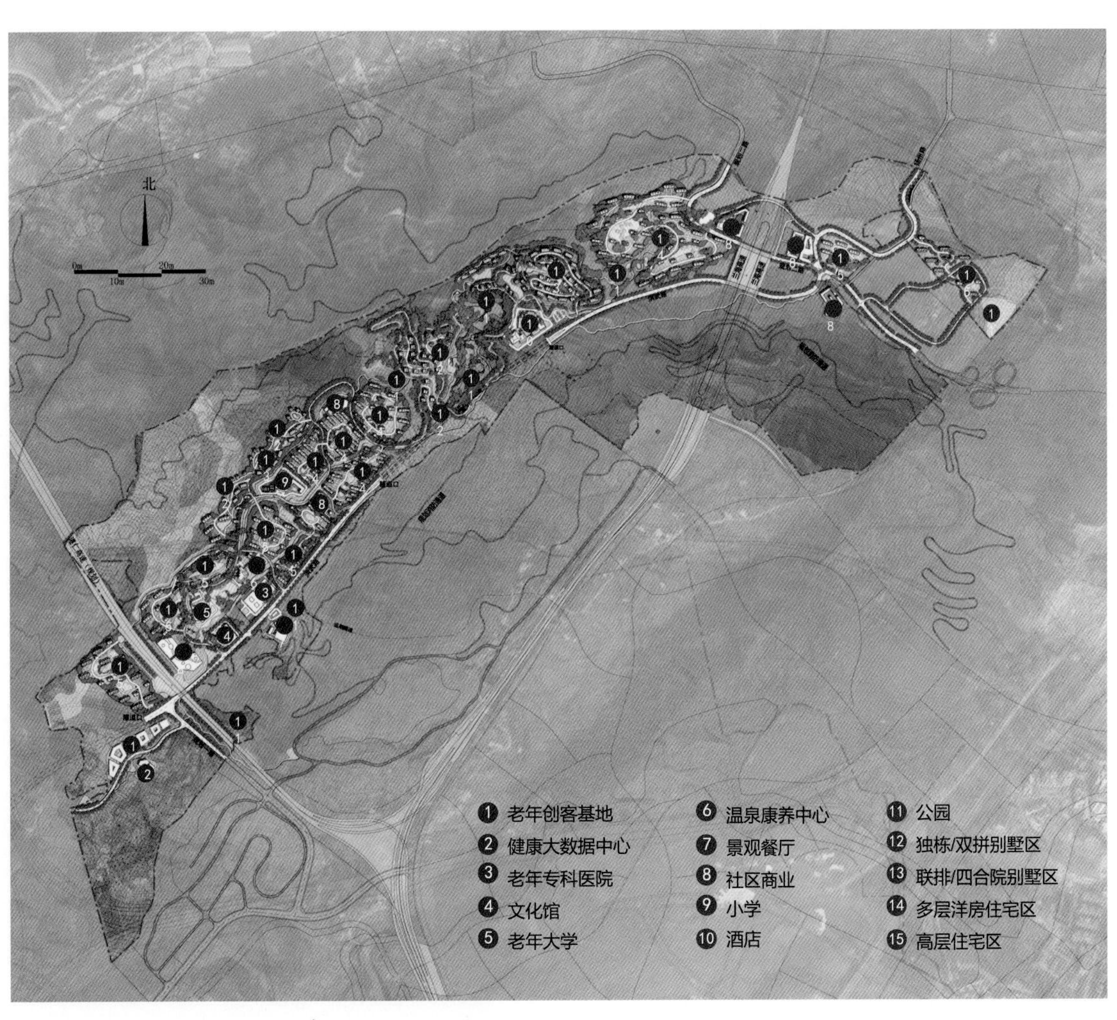
北
0m
10m
20m
30m
1 老年创客基地
2 健康大数据中心
3 老年专科医院
4 文化馆
5 老年大学
6 温泉康养中心
7 景观餐厅
8 社区商业
9 小学
10 酒店
11 公园
12 独栋/双拼别墅区
13 联排/四合院别墅区
14 多层洋房住宅区
15 高层住宅区

总平面图

雨生百谷，万物至繁

芜湖市扁担河沿线地块概念性规划及城市设计

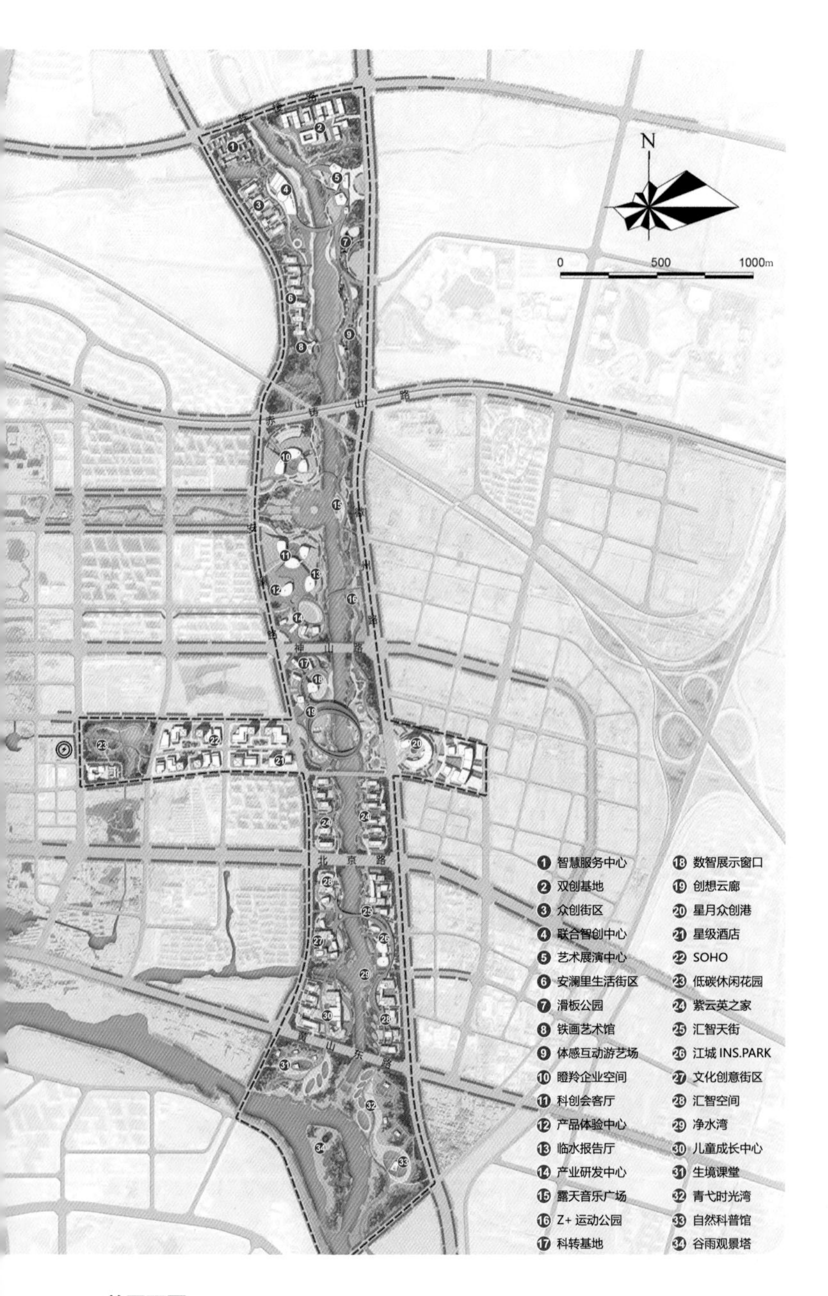

总平面图

项目概况

规划研究范围位于芜湖市城东扁担河沿线，东至徽州大道、经三路，南至青弋江，西至安澜路、河清路，北至陈棱路，包括城东片区控制性详细规划中东西向公共服务轴沿线，总面积约 3.85 平方千米。

扁担河北接梦湖生态湿地公园，南与青弋江连接，并向南延伸至荆山生态湿地公园与漳河湿地公园，中部连接中江公园，与神山公园相互对望，是连接南北、串联城市生态要素的重要绿色廊道。该廊道是城市一级绿地环线的重要组成部分，承担着城市生态涵养维护、生态安全保障等重要功能。

我们理想的扁担河沿线空间，应是以保障生态安全为前提的、高效的、注重品质的线性城市空间，要尽可能避免开发建设对城市山水格局造成割裂和破坏，在原有格局的基础上赋予其创新内涵和功能。

“空间经营”主要策略

方案设计总体思路以芜湖城市由来与发展为基础，以时代赋予芜湖的使命为导向，通过对山水格局、空间特征、功能定位等方面的研究，提出三大主题（生态环境营造、科技成果转化、文化艺术沉浸）、四大策略（新生态、新科创、新艺术、

生态资源禀赋

新生活）、九大场景（Z+运动广场、青弋时光湾、科创会客厅、创想云廊、星月众创港、艺术展演中心、儿童成长中心、安澜里生活街区、江城INS.PARK）、一条脉络的总体规划思路，由此形成概念方案，并通过城市设计手法实现时间与空间、功能与场所、宏观与微观相互支撑的设计方案。

规划后的扁担河沿线，将是衔接南北、贯通东西的城市发展纽带，可以和谐融入整个城市发展格局之中，扁担河沿线的空间不再是独立存在的一条城市界线，而是城东的有机组成部分，将为城市东拓发展注入活力、吸引人气。

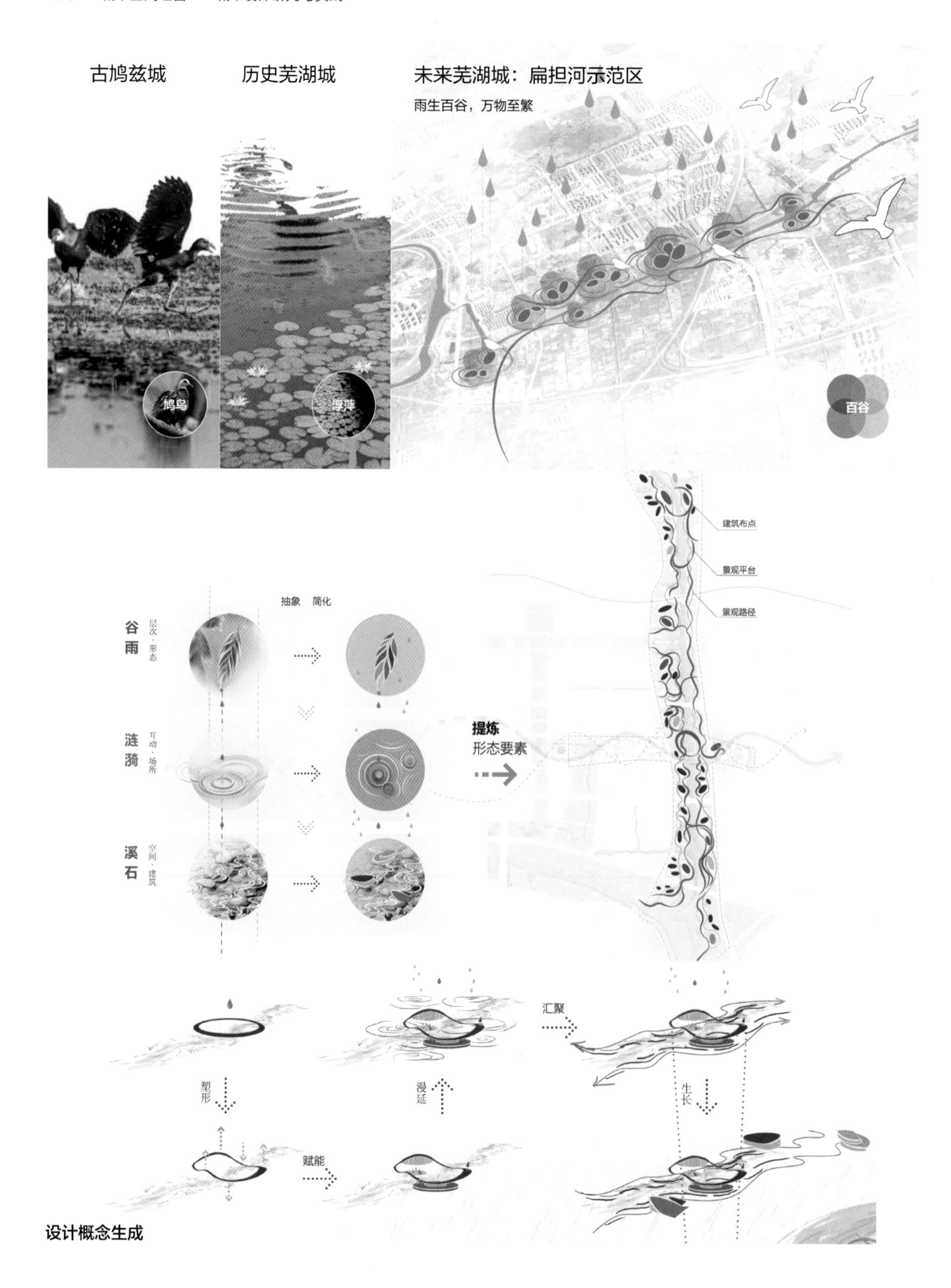
古鸠兹城
历史芜湖城
未来芜湖城：扁担河示范区
雨生百谷，万物至繁
鸠鸟
浮萍
百谷
建筑布点
景观平台
景观路径
抽象　简化
谷雨 层次·形态
涟漪 互动·场所
溪石 空间·建筑
提炼
形态要素
汇聚
塑形
漫延
生长
赋能

设计概念生成

（1）溯源

古时芜湖地势低洼，盛产鱼类，湖畔鸠鸟繁多，林草丛生；

历史上芜湖因地势原因，蓄水不深，到处是遍生“芜藻”的浅水湖；

未来芜湖城的扁担河示范区，雨生百谷，万物至繁。

（2）扁担河生境营造

基于扁担河绿廊系统，重建山水之间的绿色纽带；

将扁担河绿色廊道作为水体净化廊保育沿岸大型绿地空间，塑造具有弹性的滨河景观；

扁担河绿廊与周边环境共同构成生态活动体验区域。

岸线设计

区块内滨水空间结合建筑广场多样化呈现，增加岸线设计，形成立体的滨水体验系统，丰富人们的游玩体验。

岸线主要有自然式驳岸与人工驳岸两大类。自然式驳岸为草坡入水，缓坡种植水生植物；人工驳岸有阶梯式驳岸、砌石驳岸以及复合驳岸。

岸线设计

公共空间系统

扁担河片区是城东区域重要的公共活动空间和生活游憩场所，河岸两侧绿地宜与周边商业文化等功能结合设计；在保证水域最小面积和绿地最小宽度的前提下，调整线形，使其与建筑布局相结合，形成景观渗透、视线廊道贯通、空间有效连接的开放空间。规划建设的九大场景与建设用地周围的城市空间密切联系，形成有机的整体。

公共空间系统

核心区鸟瞰效果一

核心区鸟瞰效果二

背山面海的生态花园

舟山市甬东区块概念规划及核心区城市设计

项目概况

甬东区块位于舟山市本岛南岸中央，舟山新城最西端，与定海区相邻。

本项目包含两个范围层次。城市设计范围东至惠华路，西至黎明路，北至甬兴路和海天大道，南至惠飞路。总面积约 1.04 平方千米，其中，除去山体、水系，建设用地面积约 0.93 平方千米。概念规划范围东至浙大舟山校区教职工公寓，西至油品运输公司，北至大岗墩，南至海岸线，总面积约 4.43 平方千米。

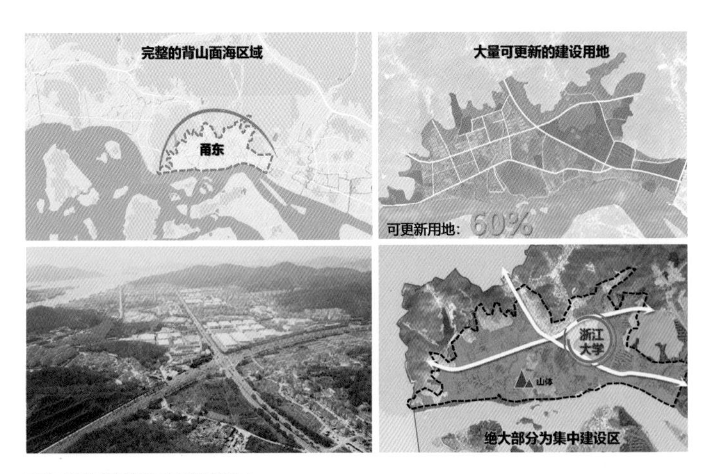

项目用地现状与环境资源

A1方案

A2方案

B方案

窄路密网，减少山体

A方案去除范围内泥鳅山山体，将甬和路东延至舟山五小南侧道路，使区块东侧地块用地规整，便于利用。

A1——以路为界，多核心共存

根据路网进行片区功能的划分，创新版块更集中于弘生大道南侧，更易以围绕园区产业模式进行开发，沿惠飞路形成较多商住地块。

A2——以生态廊道为界，强化滨水核心

根据水系进行片区功能的划分，海创园部分沿水系条状分布，更好地利用水系景观，但需跨越多条城市道路。更强调滨海大道轴线。

尊重现状，降低开发成本

B方案主要从规划方案落地的经济性与操作性考虑，在较少改变路网现状与山体的情况下，排布片区功能。

方案比较

“空间经营”主要策略

（1）研判生态价值，预期空间发展

现有空间呈自发生长状态，用地开发零散、功能单一，以低端制造和物流为主。空间风貌上呈现“近海不亲海、近城不似城”的无序状态，亟须调整建筑空间组织布局、提升城市风貌质量。

空间生态结构概念

数字工坊
1 企业研发中心
2 产品体验中心
3 示范工厂
4 成果转化基地
5 测试中心
6 员工活动中心
7 员工餐厅
8 街角公园
9 健身步道

创新绿里
1 花园总部
2 众创空间
3 企业加速器
4 云服务中心
5 会议中心
6 路演中心
7 亲水平台
8 共享图书馆
9 大数据中心
10 活力水街
11 中央公园
12 共享天街

科研高地
1 东海实验室总部园区
2 石化研究院
3 科研机构
4 共享实验室（科研商务共享办公区）
5 专家公寓
6 科学家社区邻里
7 院士公园
8 科研云廊
9 现状住宅

核心区城市设计

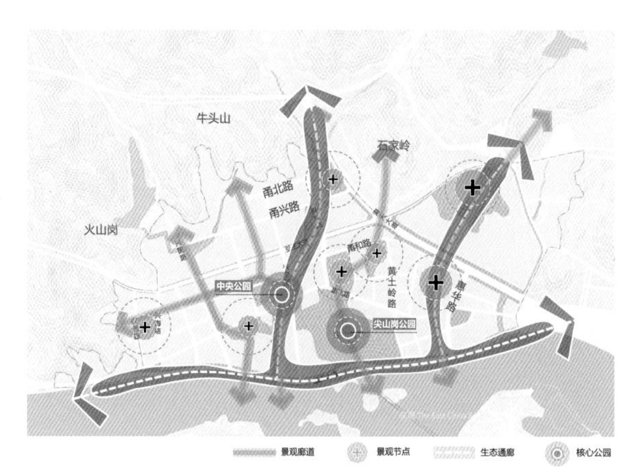

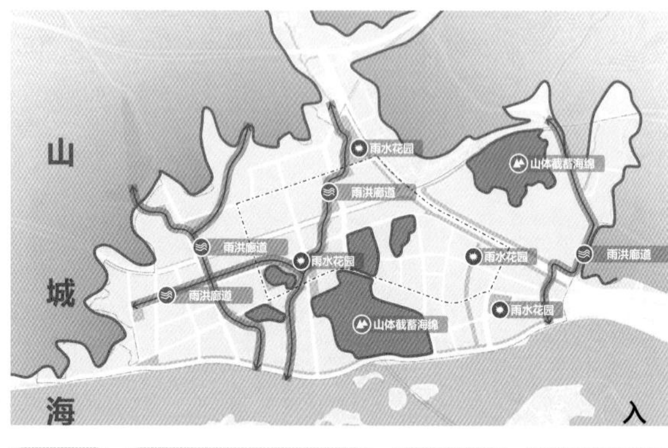

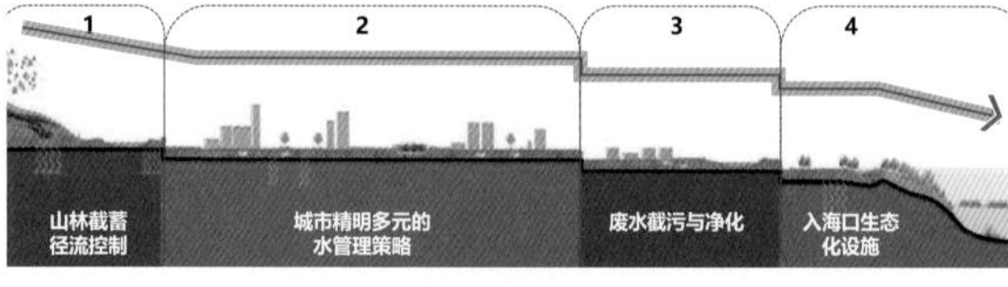

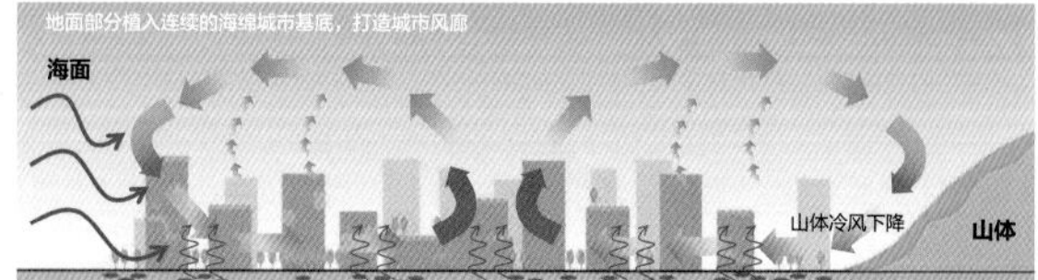

山海入城

（2）用地开发利用方案比较

平衡生态与建设成本，最终确定保留山体策略（B方案）。

（3）山海入城总策略

通过分析场地地形、自然条件以及开发现状，对规划研究范围内的生态条件进行综合评价，重新界定开发边界；将山、水引入城中，建立连续的生态网络，局部优化现有的生态绿廊，构建完善的雨洪管

明确的城绿边界

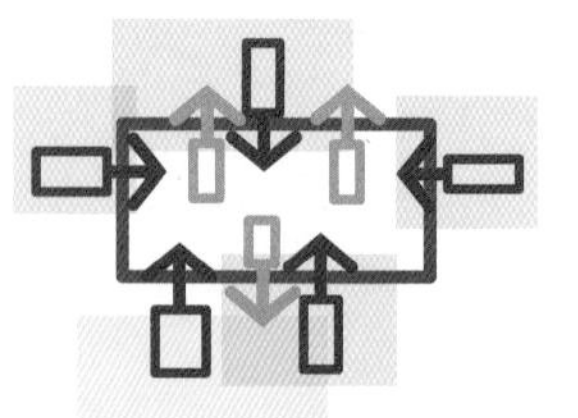

生态向心，城市向外

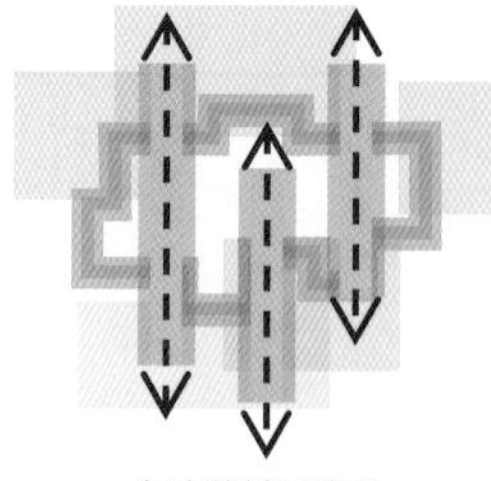

复合的城绿边界

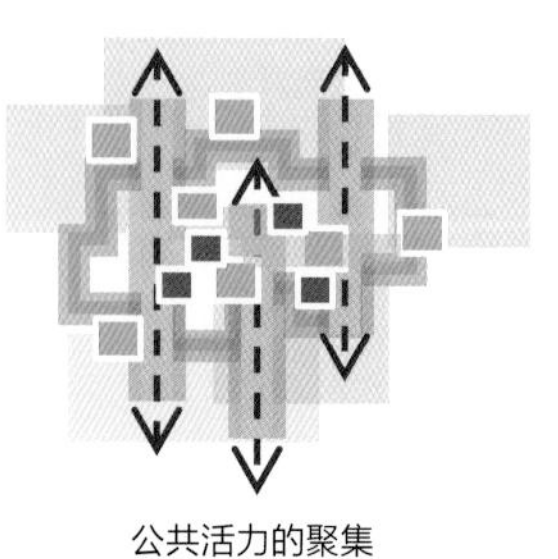

公共活力的聚集

控河道、城市海绵设施。让城市与自然边界互相有机渗透，使山、海、城相融。

场地内部通过连廊连接被山体、水系以及道路分割的不同功能组团，结合山体、公园构建城市慢行绿脊，串联高密度的建筑组团与公共空间，为创新人群提供客厅型、生态型、街道型的创新、健康、共享空间。

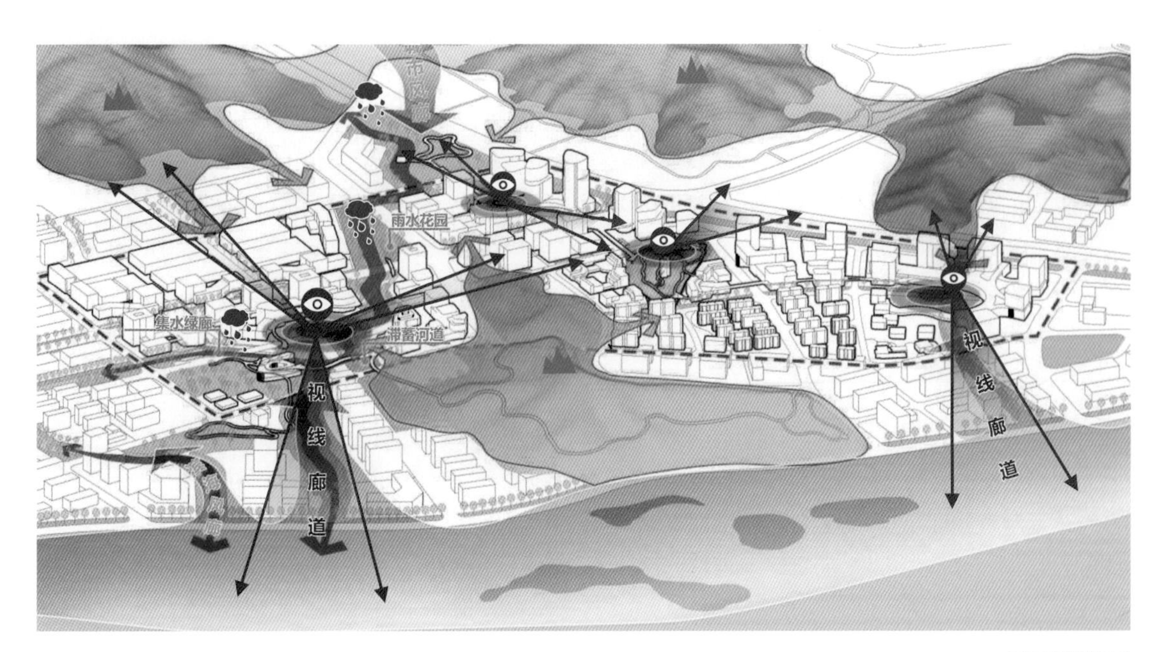

景观视线引导

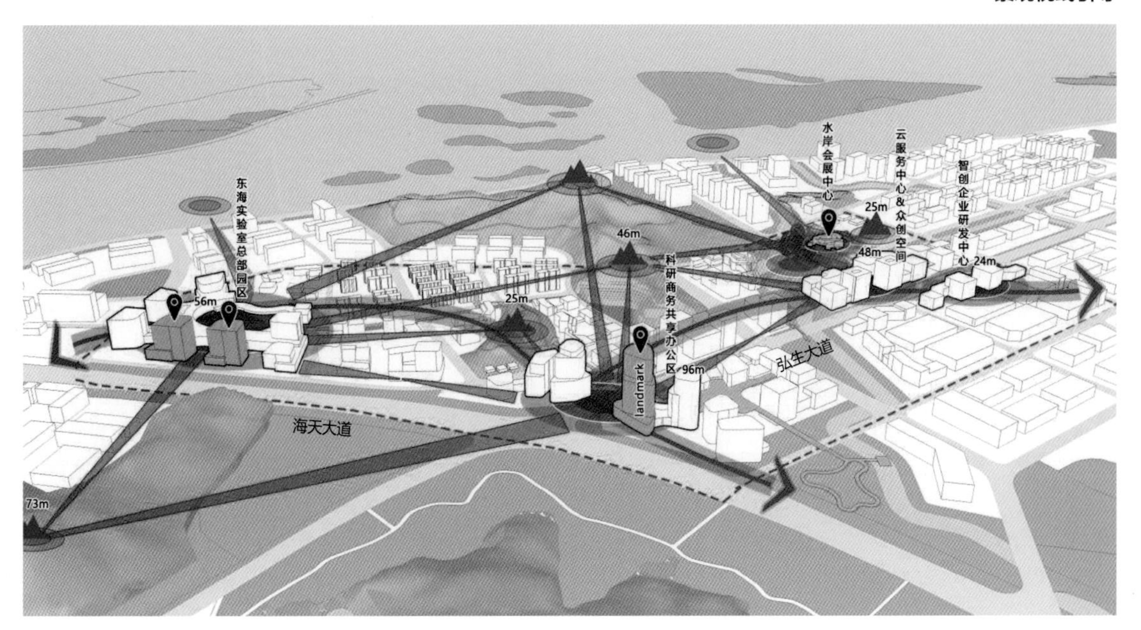

廊道与标志物控制

滨水空间一

滨水空间二

创新绿里

数字工坊

山水立体城、未来城市心

开化金丰地块城市设计

项目概况

开化钱江源国家公园是我国十个国家公园体制试点区之一，也是长三角地区唯一的试点区。建设国家公园城市是开化国土空间规划制定的城市发展定位之一。

在城市的快速发展阶段，开化的城市发展和开发围绕花山与凤凰山进行。由于发展模式与县城经济因素的制约，早期的环山与嵌山模式多为见缝插针地安排建设用地，丰富的山体资源未能得到更好的利用，这使得山、城、水之间缺乏互动，从而显现出“环山不融山，嵌山未引绿”的现实局限性。

金丰地块作为开化新的发展区域，基地内现有多家制造企业亟须转型和搬迁，以重塑场域环境。项目意在建立集山、水、城于一体的城市空间开发模式。

“空间经营”主要策略

梳理基地原有山水环境资源与空间背景，坚持保护和发挥生态优势的原则。

金丰地块位于灵山与青山之间，一条连续的山脉横贯整个板块，因此可以说金丰地块是坐拥青山、紧邻芹江的福源之地。基地内山体体相完整，生态景观基底优越，山溪穿越，农田分布，具有山青水秀田美的生态魅力。

生态背景资源条件分析

（1）生态入城

蓝色滨水空间经营

地理信息系统（GIS）水文分析显示，基地内水系分布不均衡。故设计在原有沟渠的基础上，新增了四条水系。考虑到山溪的属性，建议通过建筑集水技术、城市雨水花园等方式增加汇水和储蓄水。

重建河道与城市的关系，在防洪前提下，对驳岸空间进行分类分层规划设计，通过打造生态型水岸、景观型水岸和商业型水岸，满足周边用地需求，提供多样化亲水活动空间。

绿色生态空间经营

通过生态绿廊串联外部空间，包括根缘小镇、金丰地块与通航小镇，在景观体系上实现板块联动。

在地块内部重新界定生态边界，使生态与城市互相渗透，打造复合的城绿边界，营造活力空间。

城市风系统营造

金丰独有的指状山脉地形是其得天独厚的生态资源，设计结合夏季常年风向，打造五条城市通风廊道，以降低热岛效应，提升城市气候舒适度。

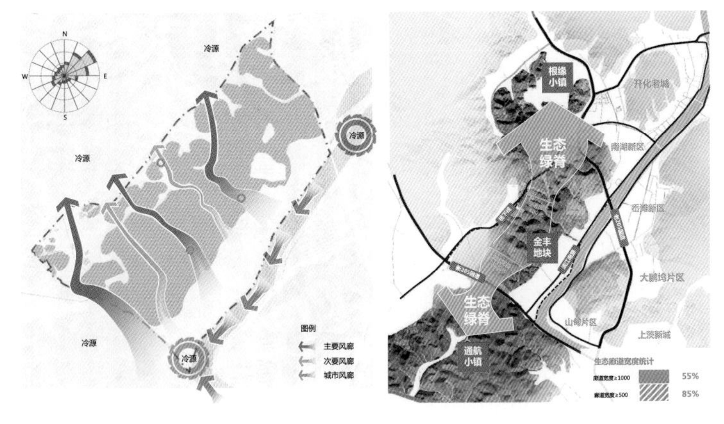

生态风廊　　生态绿脊

（2）立体营城

山水融城计划

外部山体：保障山体气脉在城市中的延续。结合溪渠河流、主要道路、滨山公园等生成生态廊道，并保证一定的廊道净宽，使山体自然生态景观向城市整体内部空间渗透，同时控制廊道两侧建筑高度，形成自廊道建筑高度向外逐级抬高的形态，保证廊道的开放性与通透性。

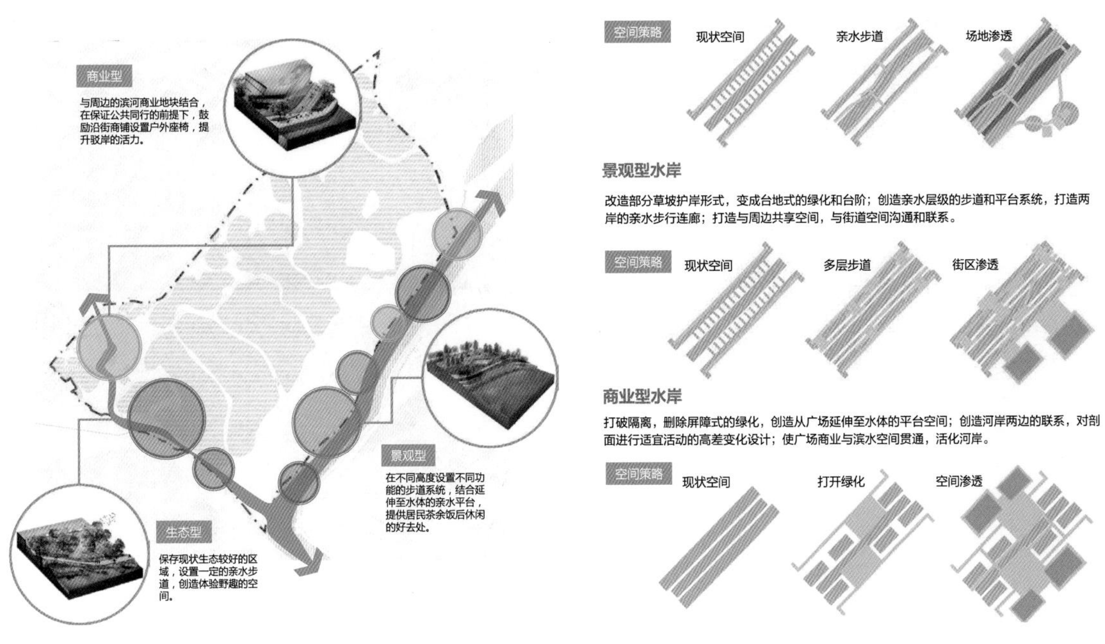

驳岸空间类型分析

01
现状山体

现状山体作为生态边界

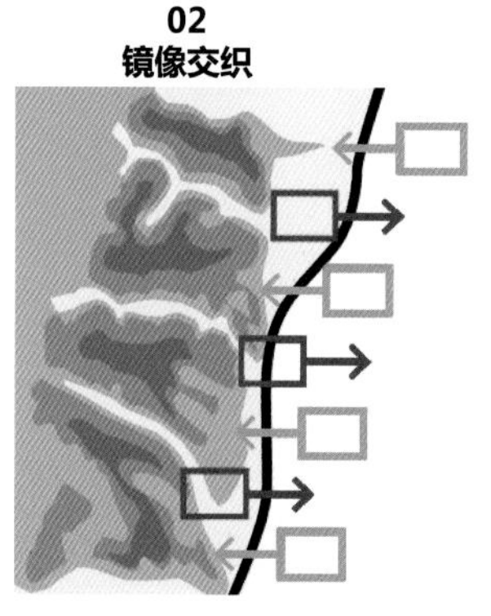

生态向东，城市向西

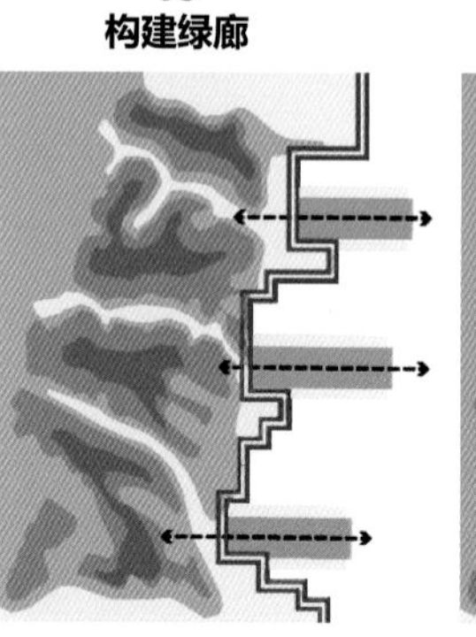

复合的城绿边界

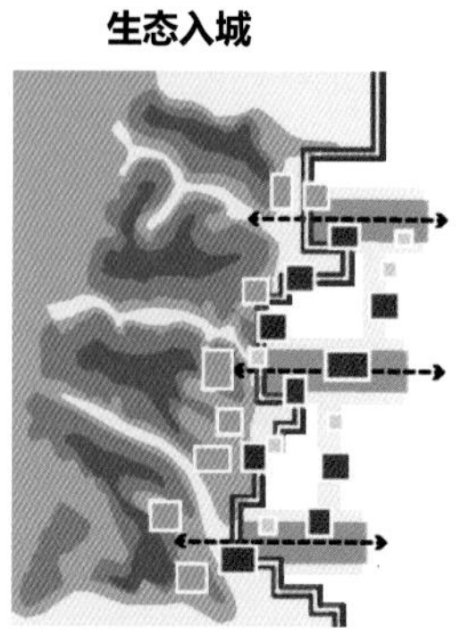

公共活力的集聚

内部山体：注重空间开发与布局模式的选择，对严格控制范围内的山头进行保留，对其他山头根据山形采取两种开发方式：独立山包开发和连绵山脉开发。

营造自然本底生长的城市格局，汇水成塘、织绿成网、梯级外拓，塑造空间体系。对于城市建设与山体的融合关系，可通过沿山跌落式、架空连接式、底层收进引入外部环境式，三种模式演绎出山与城市空间融合的不同效果。

将景观设计成绿色和蓝色基础设施层，通过 100% 返还绿化率和软景观设计带来充满活力的生态体验。

完善内外立体交通，适应山地高差环境

在城市内部构建立体空间系统，通过线性公园串联地面公园、下沉公园、空中花园以及各组建筑，达到交通的立体分层。同时巧妙利用地形，通过水边岸线、城市廊道、山中环道组成的复合线性系统串联起山、水、城空间。外部交通则采用隧道下穿或立交平接的方式与城市道路有效衔接。

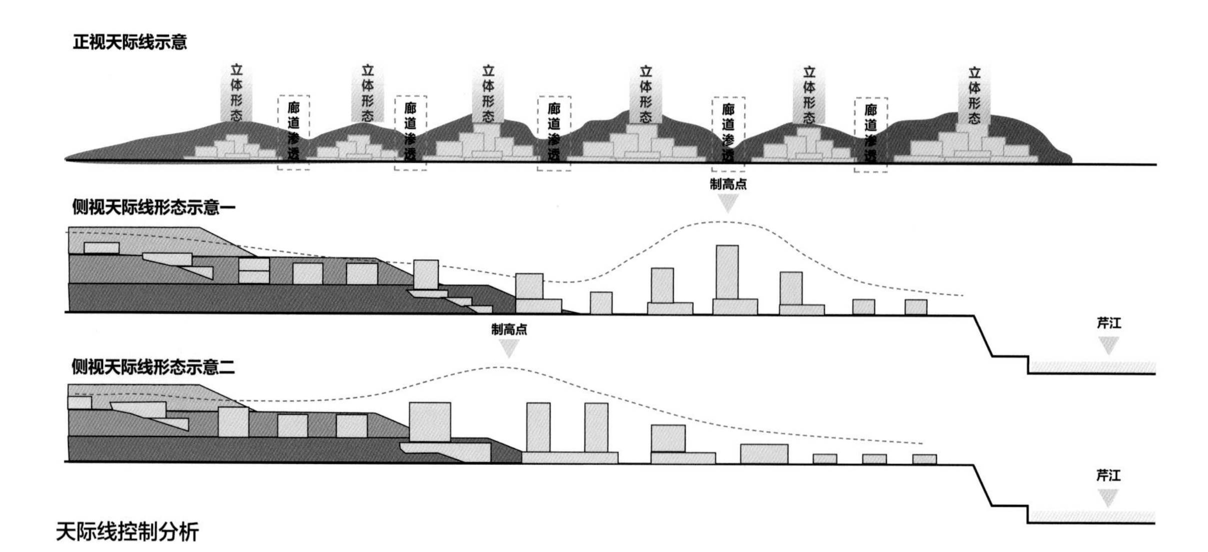

天际线控制分析

（3）智慧链城

开化之芯计划

构建“智慧+文旅、生活、办公”产业体系，提升产业、生活与人的交互程度，形成完善的产业生态群。

（4）活力注城

全龄生活计划

青少年：未来教育。描绘未来教育场景，打造生态文化空间。

青年人：未来创业。创建未来创业场景，打造商务、商业、孵化空间。

老年人：未来健康。构建未来健康场景，打造益养医疗空间、组团康养空间。

（5）人文优城

情怀传承计划

延续开化文化特色：承载山城历史，重视芹阳八景的文脉价值，强调并重点塑造好城市与山的关系，通过空间场景的串联，塑造与老城特色文化之间的联系。

探寻金丰场地记忆：开化工业发展的高光时刻，三峡移民的新生起点，开化生命的长眠福地。

◆ **独立山包开发示意**

山包为圆头，在古地理学中称为五行金。古人说“金中开窝为造”。可铲去部分山体，开出窝形用地，但不可破坏山包顶部，铲去部分作为阶梯窝地；山形已经遭到破坏的，可采用阶梯绿化延续山形肌理进行修复。

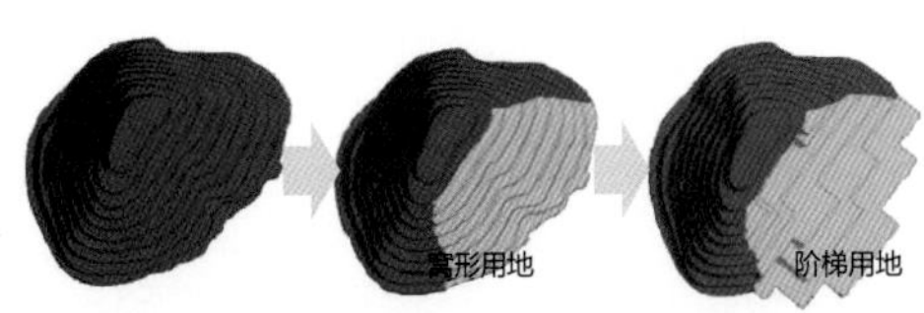

◆ **连绵山脉开发示意**

山峰形态如浪涌，屈曲灵动。建议在山体怀抱区借助地形，向外延伸铺开。平坦地区要展开，如铺席的形状，有波浪的层面，逶迤弯曲。

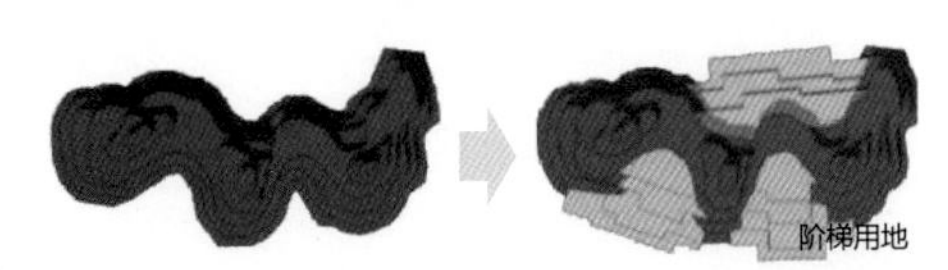

山体开发方式

模式一

◆ 沿山逐级退台跌落，形成多层次的活力界面和更大的汇水面

步行路线/汇水
文创
文创
文创
文创
文创
商业
商业
商业
商业
文创/宿舍
文创
文创
商业
文创
山体
道路

模式二

◆ 鼓励底层或中间层架空，使山体公园有更好的可达性和开放度

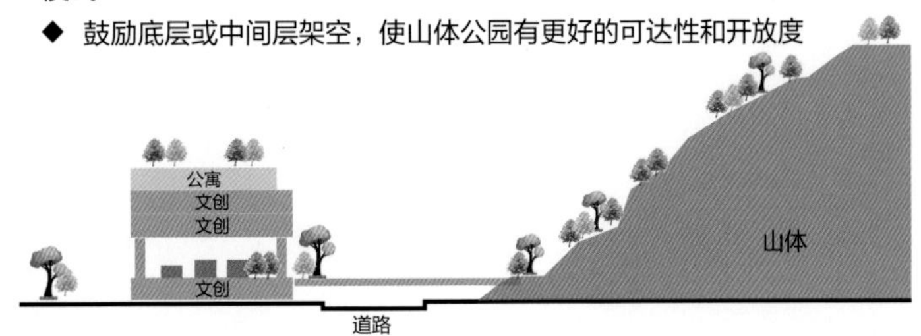

模式三

◆ 鼓励底层收进、顶层悬挑，创造更多的灰空间，增厚临山界面

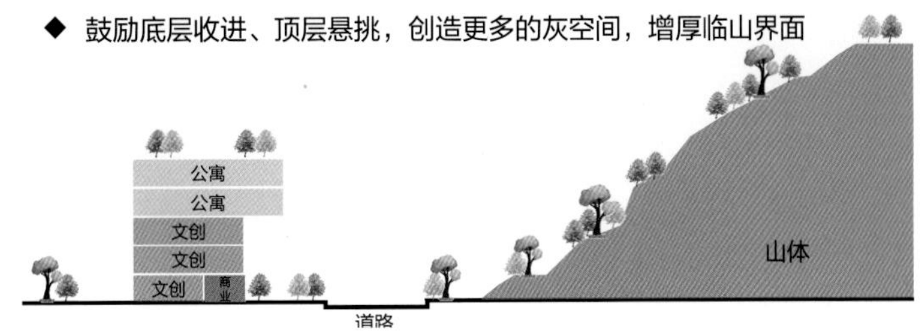

城市与山体融合模式

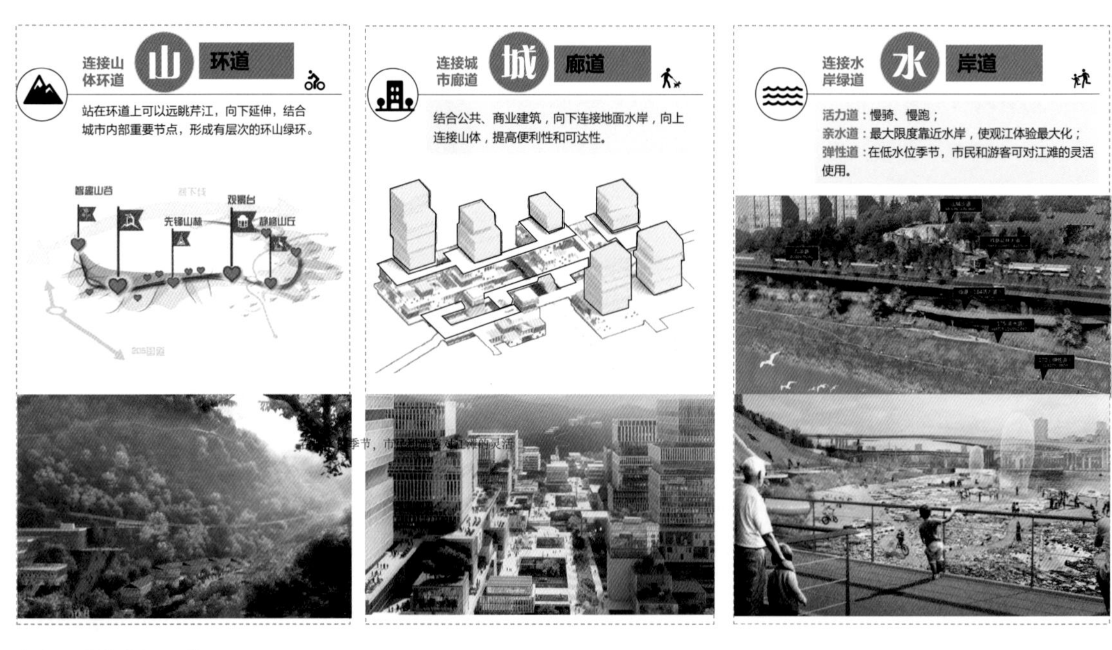

复合型立体空间系统

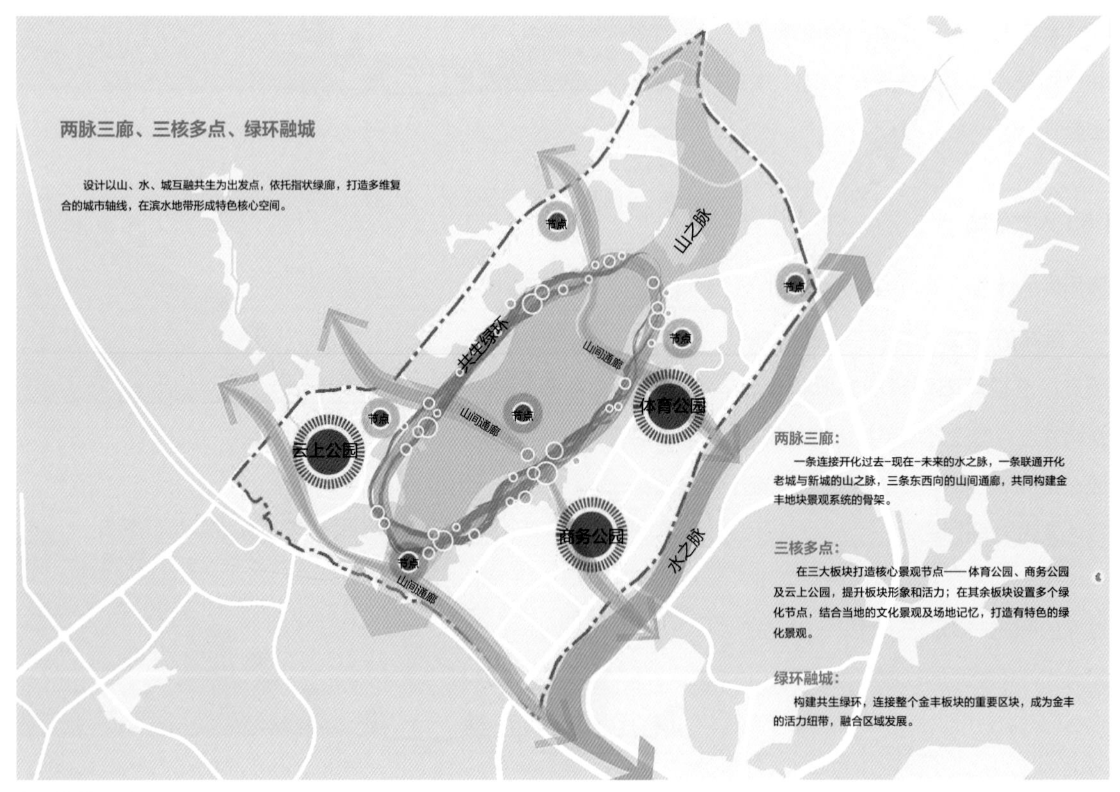

空间结构示意

文化创意谷效果

新旅游云谷效果

夜景鸟瞰效果

未来智慧谷效果一

未来智慧谷效果二

未来智慧谷效果三

绍兴未来山水城市客厅

绍兴梅山及以东片区城市设计

群贤中路
梅山广场
适南路
绍兴市政府
住宅区
后墅路

01 儿童公园地块
用地面积：124980 平方米

02 梅山地块
用地面积：411465 平方米

03 梅山南地块
用地面积：252844 平方米

04 梅山东地块（北）
用地面积：146830 平方米
商业建筑面积：36500 平方米

05 梅山东地块（南）
用地面积：252844 平方米
商业建筑面积：20400 平方米

基地概况

山水资源解读

项目概况

本项目位于绍兴镜湖新区核心位置——镜湖的东南侧，是绍兴联动杭州湾大湾区的新引擎、融杭连甬接沪的枢纽核、三城交汇处的生态芯，这里也是未来绍兴的山水城市客厅。

基地范围东至后墅路、南至市政府、西至解放路、北至群贤路，总用地面积约 150 公顷，其中陆地面积约 105 公顷，水域面积约 45 公顷。项目拟建总建筑面积约 20 万平方米（地上 13.7 万平方米，地下 6.3 万平方米），拟新建绿化景观约 20 万平方米，改造绿化景观约 68 万平方米。

“梅山观自在，镜水映楼台。”提取“梅山鹭影”“镜水溪渚”“水街智坊”等代表性景观元素进行象形解读，形成基地概念意象。设计通过生态筑基、形态定貌、文态复兴、业态赋能、活态聚场五大策略，展现山水城园共生共栖的山水观、无界共享经行自在的生活观、产业人文交相辉映的发展观下的绍兴未来山水城市客厅。

“空间经营”主要策略:

(1) 生态筑基

“修山”——特色山体景观

基于梅山生态植被特征，于东坡面适当补植色叶树种，以提升东部片区观山视觉效果；西坡面及北坡面穿插补植梅花，以丰富空间层次，强化梅山与梅園的空间关联性及连续性。

“理水”——多元水景体验

东部引水入园入街，形成渠、池、塘、溪等多种水景空间，西部强化溪、渚、汀、涧等现有水景，提供多样化的水景体验。

“理水”——弹性雨洪管理

整体遵循自然地势条件，采用山屿蓄水、山麓截洪、城区海绵过滤等景观雨洪工程措施，引水至雨水花园、湿地、河流等海绵体，实现场地弹性雨洪管理。

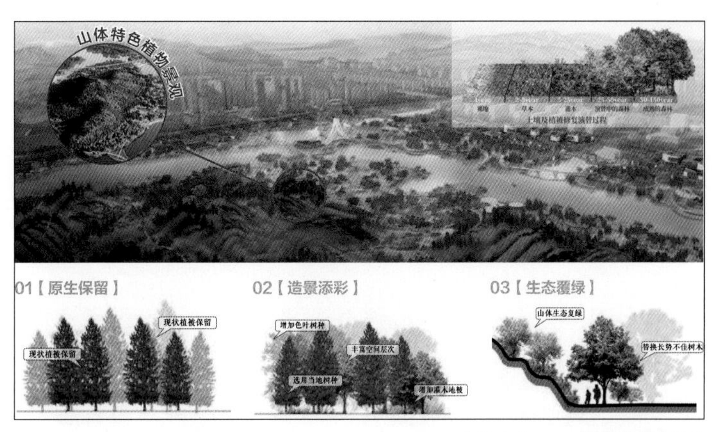

“修山”——特色山体景观

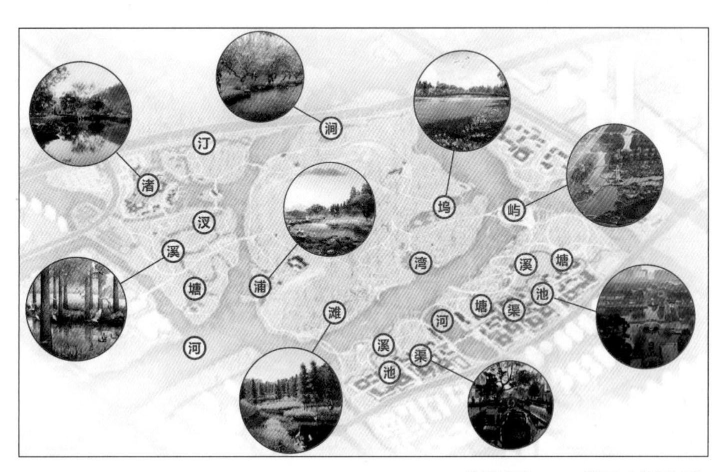

“理水”——多元水景体验

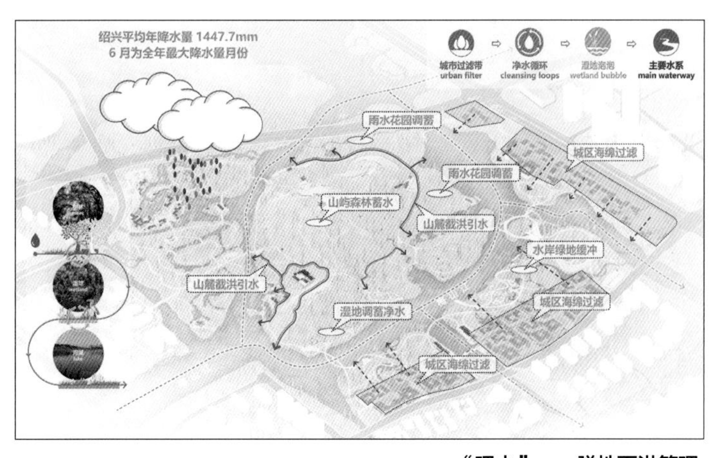

“理水”——弹性雨洪管理

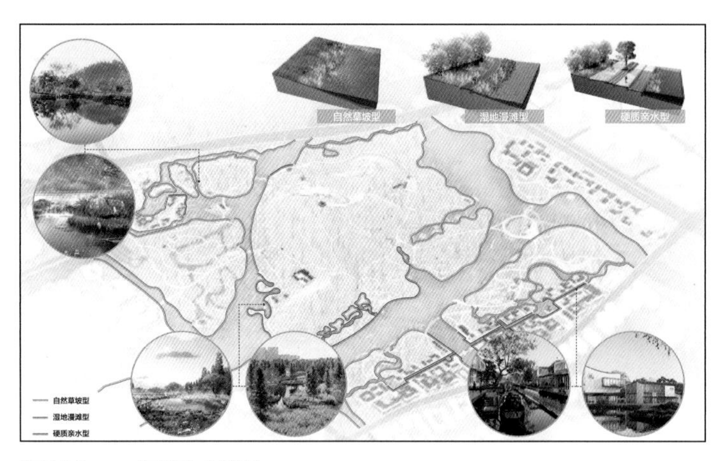

“理水”——河岸生态修复

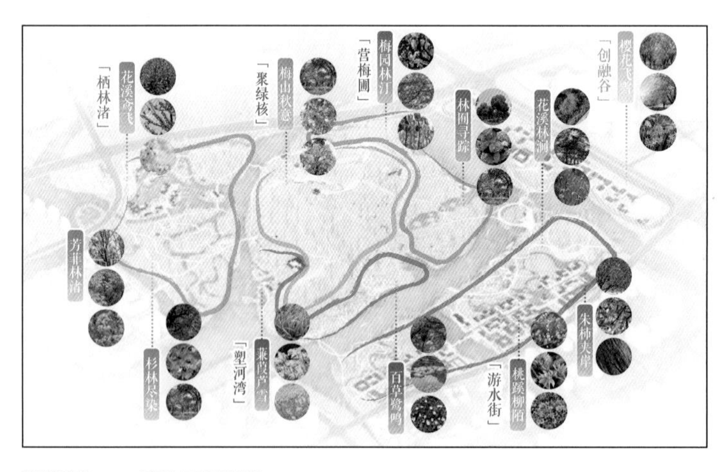

“营境”——植物景观营建

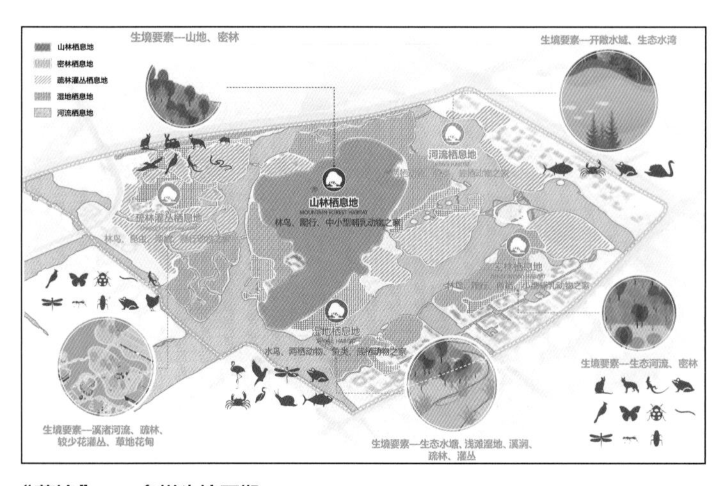

“营境”——多样生境再塑

“理水”——河岸生态修复

依据现状条件及场地功能特征，采用自然草坡、湿地漫滩、硬质亲水等多种驳岸模式，打造生态韧性的河岸空间。

“营境”——植物景观营建

结合场地山水溪渚资源，通过主题植物景观的塑造，打造梅山城市客厅“植物十二景”。

“营境”——多样生境再塑

结合场地山水溪渚资源，通过生态手段营造山林、密林、疏林灌丛、湿地、河流等五类生境栖息地。

“碳和”——绿色零碳措施

提炼契合场地特点的三大类、十四小类绿色零碳措施，助力全域零碳山水渚的营建。

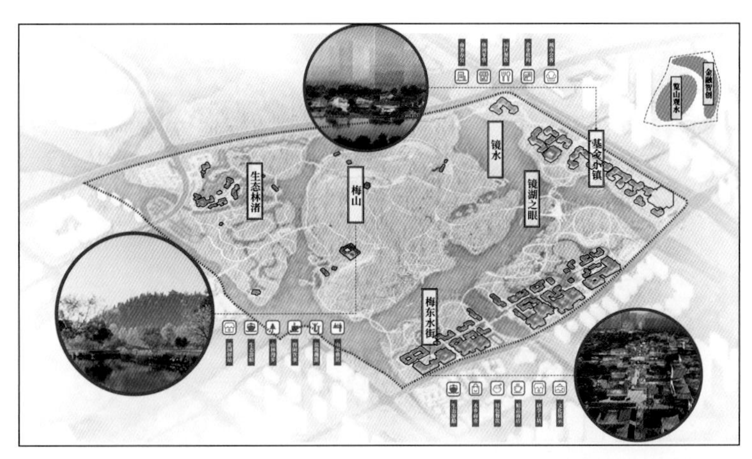

空间格局——外有坊街融园，内可览山观水

（2）形态定貌

空间格局——外有坊街融园，内可览山观水

围绕梅山核心，沿城市干道布置建筑及相关节点，将内部片区留给景观。

山水视廊——湿地营城，生态开发

设计场地与周边形成有韵律的天际线，北部CBD 与场地摩天轮、梅山形成三处制高点并互相呼应。内部设计片区主体建筑控制在 1~3 层，与湿地生态景观相协调。

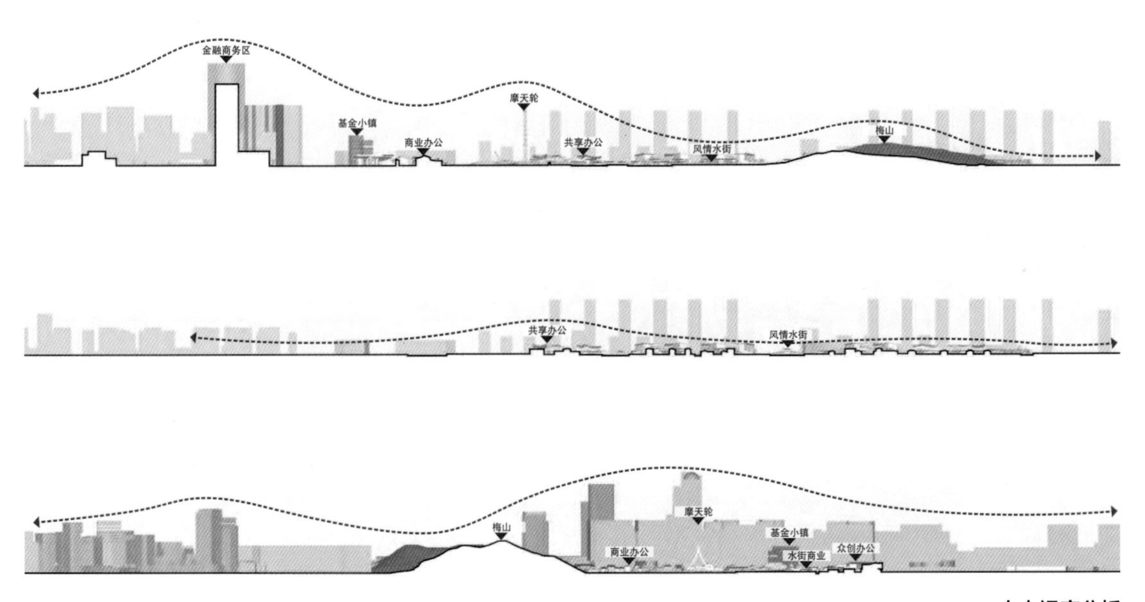

山水视廊分析

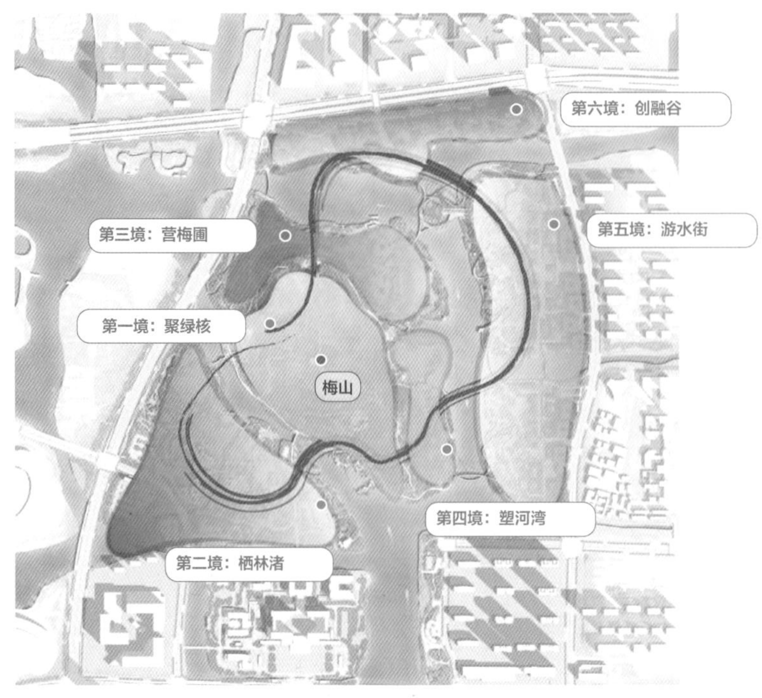

总体空间结构

（3）文态复兴

建立梅山镜水文化图谱；
打造梅山镜水文化品牌；
实现梅山镜水文态活化。

（4）业态赋能

构建连接千年时空、产业文旅融合的未来创享智坊。梅东片区以文旅体验、众创办公为主要业态，辅以商业、展示、社区服务等功能，依托云上运营平台，打造拥有多元化业态的特色梅东水镇。

（5）活态聚场

通过交通游线组织，连接全龄乐游场景，使区域交通衔接顺畅、公共交通便捷、慢行交通体系完备。组织环湖水上航线，营造多元游径体验；策划主题活动，形成周期吸引热点；打造全龄游乐场景，开展四时主题活动。

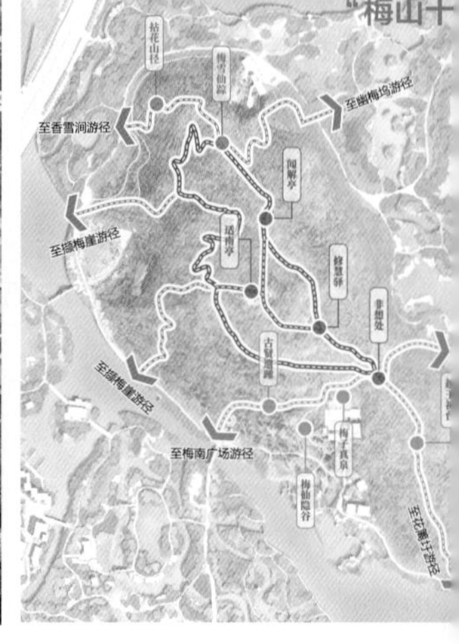

聚绿核——梅山历史人文核

栖林渚——诗意隐栖芳菲渚

塑河湾——湿地生境栖游湾

营梅囿——古越梅韵山水囿

游水街——山野入市游水街

创融谷——基金产业集聚谷

3.3.2 人文历史与地域性特色的经营路径

城市的人文历史与地域特色是一个城市经历长期积淀所得，是城市独有的稀缺性资源，是构成丰富的民族文化的重要内容。这种资源的保护与发展为保有和延续城市文脉提供了有效途径，亦是克服“特色危机”“千城一面”，发展多元、多样、多彩高品质人居空间的重要方法。

城市的人文历史与地域特色是城市建设经营的战略目标，由城市的“物质文化形态”和“非物质文化形态”共同构成。城市设计的重要任务之一就是将“非物质文化形态”要素植入“物质文化形态”要素中，将两者融合为城市所独有的文化基因，展现城市的独特魅力。

人文历史与地域性特色的经营可从下列路径切入。

突破局部空间限制，着眼长远与整体效益。改变原有重视单体忽视群体的思维，从城市整体的长远发展出发，以实现地域文化传承、区域整体发展为目标，构建生态、人文、历史一体化的空间系统，保护空间地域特色的完整性。

挖掘和传承城市的历史、人文和时代基因。保护城市生态基底资源，延续城市传统空间肌理，结合现代城市运行与生活需求，系统性地布置和优化公共空间，提升居民生活质量与城市景观环境质量。严格保护历史文化名城、名镇、名村等文化遗产资源，注重城市风貌、空间肌理、建筑地域特色的彰显，实现文化传承和现代审美的有机统一。把握时代特色，展现城市发展的活力和特有气质，着力增强城市的风貌辨识度。

以地域文化滋养城市空间。将地域文化元素植入城市空间，复兴有价值的文化节点与人文物质内容，丰富人文体验，在物质空间扩容与非物质文化遗产保护之间寻求平衡。

保护本土文化标签。维护和推广本土传统产业，培育消费群体，解决文化体验缺乏、文化消费吸引力不足等问题。通过业态的调配与组织，发挥本土文化的触媒效应，活化城市空间。

27
23
22
10
N
规划建设总平面

定位为特色休闲生活街区，传统建筑特色的民宿和滨水风情餐馆为主体，增加文化创意业态内容，如教育研习、创意工坊等。

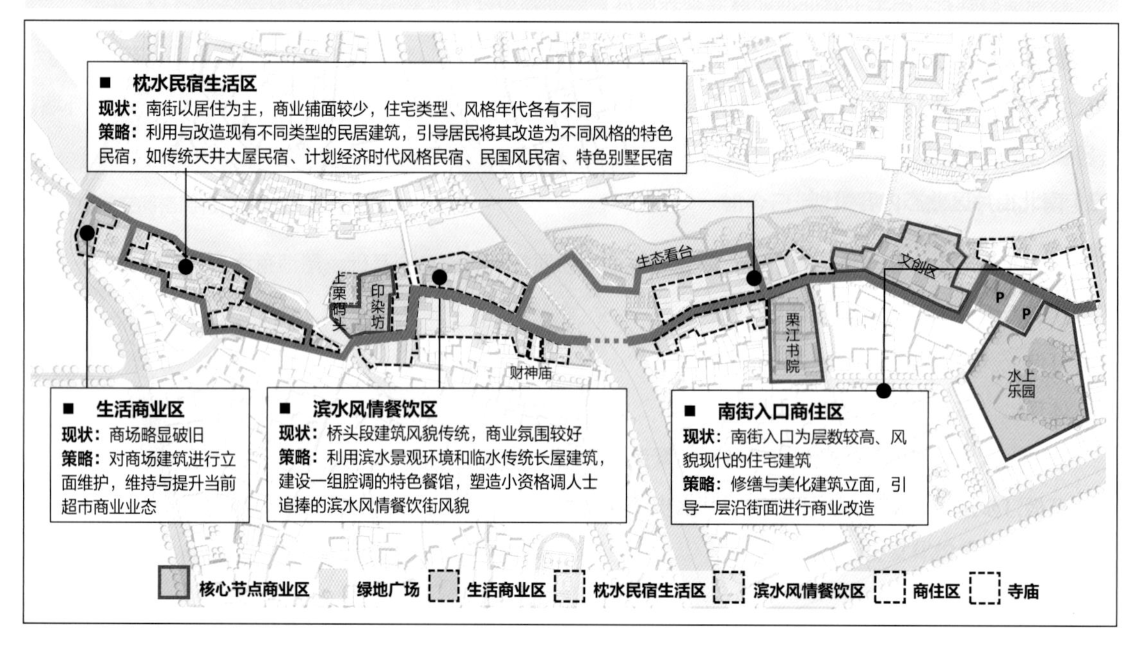

南街商业片区业态策划与空间布局

（4）构建栗水景观带，再现栗水两岸繁华景观

栗水河曾为水运繁忙的繁华河段，设计重视塑造滨水环境、再现栗水百年风华。打通沿河景观步行通道，局部结合建筑设置亲水平台，利用河心岛建设栗水之心舞台；原栗水河拦水坝上设置石板汀步，连接两岸滨水广场，形成滨水步行回路。

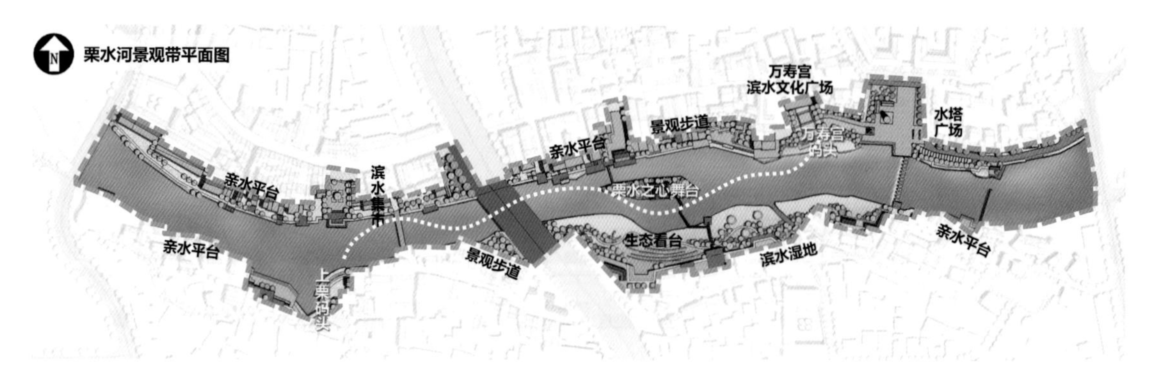

栗水河景观带平面图

万寿宫滨水文化广场营造效果

栗水空间景观带营造效果

生态与人文资源共建

滨州蒲湖风景区（蒲湖文化创意产业园、孙子文化园）概念规划

基地现状

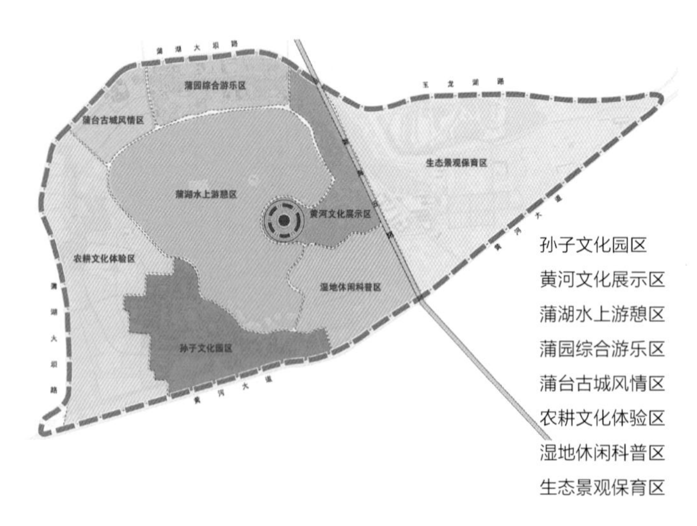

体验分区

项目概况

本项目位于滨州市滨城区南部蒲湖片区，距滨州市中心 3 千米，设计范围南至黄河大道，西至蒲湖大坝路，北至蒲湖大坝路和玉龙湖路，分为渤海五路东西两个地块，规划总面积约 454 公顷。

“空间经营”主要策略

凭借基地的三大核心优势，即区位优势、生态优势、文化优势，以区域生态文明建设和高质量发展为指导，进行高起点的规划；以 4A 级景区为标准，以市场需求为导向，统筹整合规划区内的各种生态资源和文化资源。

（1）低干扰生态开发

蒲湖是黄河沿线滨州段最重要的节点，滨州应充分利用黄河文化和孙子文化等宝贵的文化资源，突出特色性、唯一性、系统性，打造集生产生活、旅游、休闲、乡村振兴于一体的黄河风情带和高质量发展区，建设黄河流域生态保护和高质量发展的示范项目。

（2）高活态文化利用

蒲湖景区是滨州黄河风情带上一个重要的生态和文化节点。应结合黄河文化和孙子文化资源，展示滨州的特色文化景观，将蒲湖景区建设成为滨州重要的文化地标。

项目孙子文化、黄河文化、古城文化、农耕文化等多个文化园区，打造精品文化旅游研学路线。项目整合土地资源、文化资源、水景资源，强调文化的活化利用，打造体验式互动性的文化旅游产品。全域构建八大功能分区与核心体验主题：

孙子文化园区（兵圣文化）；

蒲湖古城风情区（古城风韵）；

蒲湖滨水游憩区（水上游览）；

农耕文化体验区（农林野趣）；

黄河文化展示区（黄河文化）；

蒲园综合游乐区（休闲游乐）；

湿地休闲科普区（湿地景观）；

生态景观保育区（生态景观）。

生态景观保育

蒲台古城

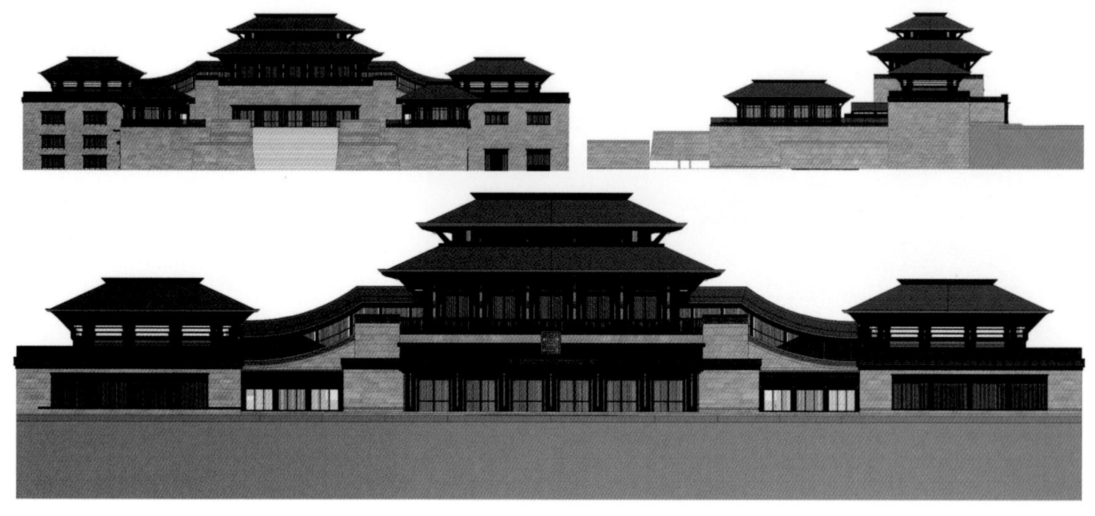

典型立面

（3）业态规划与产业发展引导

以旅游产业带动区域经济发展，引入餐饮、住宿、服务、农业种植、加工制造、手工技艺展示、商业经营、物业服务管理等多种业态形式和就业岗位，提升滨州产业发展格局；延伸产业链条，拓展产业收益渠道，保证持续性发展和滚动开发，实现综合效益；建立涉及政府、运营商、原住民、加工商等多主体的收益机制。

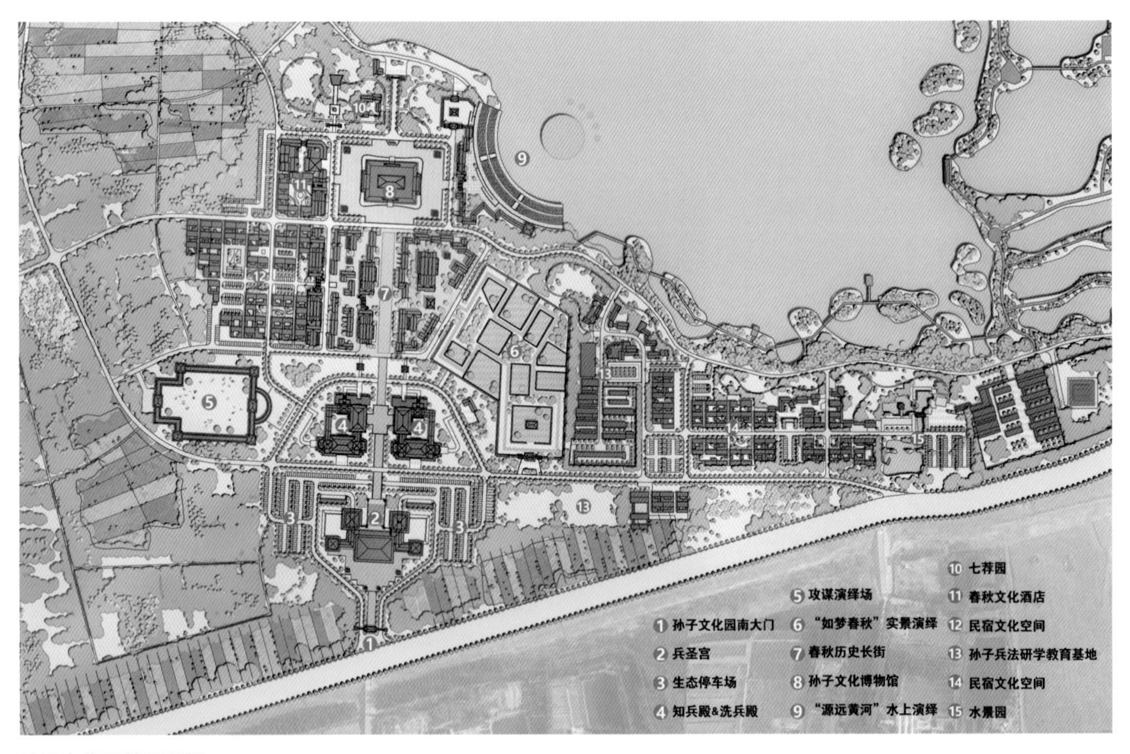

孙子文化园总平面图

孙子文化园鸟瞰效果

孙子文化园主要项目有游客中心、兵圣大讲堂、孙子兵法体验馆、春秋历史长街、孙子文化博物馆、兵法幻城、兵法演绎场、研学基地、民宿等。

（4）全面平衡城市发展的各方面效益

项目立足高站位，兼顾市民的休闲需求和外来游客的体验需要，建设“水清、岸绿、城美”的滨州文化与生态高地，打造滨州的龙头型、引爆型、驱动型旅游产品。这将带动本地优质人口增长，增加就业岗位，形成经济产业链，振兴区域经济，实现社会效益、生态效益与经济效益的共赢。

历史长街

蒲台古城

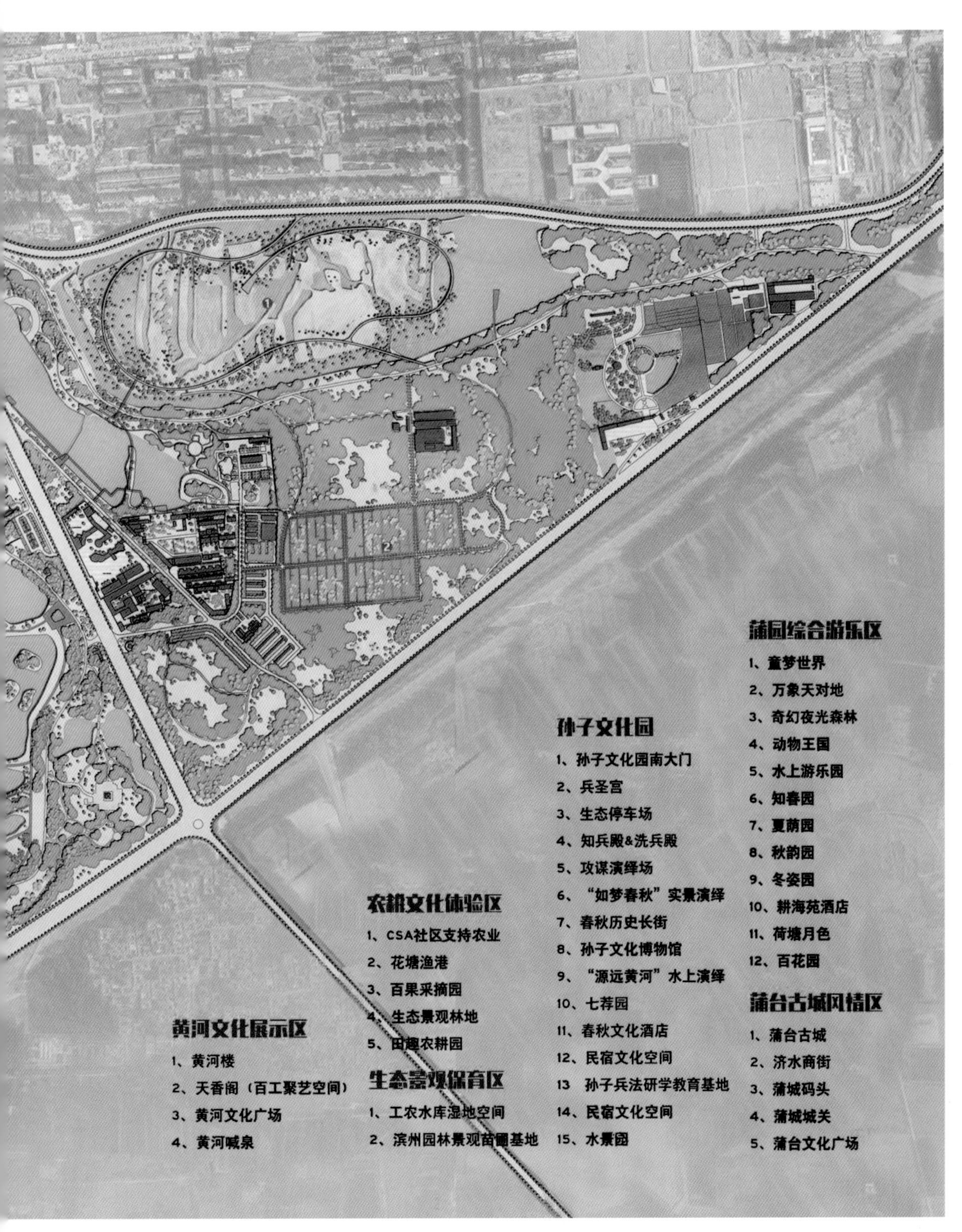
蒲园综合游乐区
1、童梦世界
2、万象天对地
3、奇幻夜光森林
4、动物王国
5、水上游乐园
6、知春园
7、夏荫园
8、秋韵园
9、冬姿园
10、耕海苑酒店
11、荷塘月色
12、百花园
蒲台古城风情区
1、蒲台古城
2、济水商街
3、蒲城码头
4、蒲城城关
5、蒲台文化广场
孙子文化园
1、孙子文化园南大门
2、兵圣宫
3、生态停车场
4、知兵殿&洗兵殿
5、攻谋演绎场
6、“如梦春秋”实景演绎
7、春秋历史长街
8、孙子文化博物馆
9、“源远黄河”水上演绎
10、七荐园
11、春秋文化酒店
12、民宿文化空间
13 孙子兵法研学教育基地
14、民宿文化空间
15、水景园
农耕文化体验区
1、CSA社区支持农业
2、花塘渔港
3、百果采摘园
4、生态景观林地
5、田趣农耕园
生态景观保育区
1、工农水库湿地空间
2、滨州园林景观苗圃基地
黄河文化展示区
1、黄河楼
2、天香阁（百工聚艺空间）
3、黄河文化广场
4、黄河喊泉

总平面图

4 正面未来趋势与技术革新

在当下全球化和信息化的时代，以信息技术为主导的技术革新为人类发展带来了革命性的新观念，颠覆了人类以往的生产、消费、行为和思考模式。加快数字化发展、建设数字经济也是我国“十四五”规划中的重要布局[1]。在城市建设工作中，直面未来城市的发展趋势、技术革新对城市设计工作提出的新挑战，是“空间经营”理念的进一步提升和拓展。

一方面，人工智能、5G、无人驾驶、区块链等技术正在深刻地影响着人类的生产生活方式，提升了城市的运行效率，带来了城市空间形态功能的演变。未来城市在“技术－空间－社会”变革的多重耦合作用下正在被深刻重构[2]。城市设计工作者需要认识和理解信息技术变革、网络社会兴起给城市空间与社会带来的深刻影响以及其中的作用原理，在城市空间经营的实践中树立正确看待城市问题的立场、观念和原则，创造能够适应新经济与新文化的城市空间[3]。新型城市环境的营造与城市运营模式的创新，将颠覆传统的城市社会构成模式、城市运行方式和空间环境需求，城市设计工作者应及时掌握设计需求发生的变化，运用新的设计理念与方法进行应对。

另一方面，城市多领域的数字化转型、智慧城市的建设，为提升城市规划设计、建设和管理工作效率提供了充分的技术支持，这也是未来提升城市品质、提高城市运行效率、塑造城市核心竞争力的关键[3]。新时代的设计师需要掌握如何利用信息技术和数字基础设施带来的便利进行城市设计工作，提高工作效率，通过数字平台与其他建设和行政部门协同合作；拓展研究设计的深度与广度，实现更广泛的公众参与和公众利益。数字技术为城市设计工作模式、工作效率提供有效助益的同时，也对工作的目标与成果提出了更高的要求。

数字城市。数字城市为城市规划、智能化交通、网格化管理和服务、基于位置的服务、城市安全应急响应等创造了条件，是信息时代城市和谐发展的重要手段。数字地球以空间位置为关联点整合相关资源（以地理信息系统和虚拟现实技术集成各类数据资源），实现了“秀才不出门，能知天下事”。

——中国科学院、中国工程院院士李德仁

智慧城市。智慧城市是指在数字城市网络化与数字化建设的基础上，进一步应用自动化与智能化科技，将数字城市中政府信息化、城市信息化、社会信息化、企业信息化有机地整合为一体。通过城市物联网和云计算中心，集成整个城市所涉及的社会综合管理与社会公共服务资源，包括地理环境、基础设施、自然资源、社会资源、经济资源、医疗资源、教育资源、旅游资源和人文资源等，实现更透彻的感知、更全面的互联互通、更深入的智能化。为城市综合管理和公共服务信息的共享交换和资源综合利用，为城市低碳环保与可持续发展，为城市资源在空间上的优化配置，为构建和谐幸福社会提供强有力的支撑。

——中国智慧城市促进会会长李林教授

循环经济。完整的表达是资源循环型经济。传统工业经济基于“制造-产品-丢弃”线性模式，通过技术使城市从线性系统转变为循环系统，因为数字技术将有可能从根本上实现虚拟化、非物质化、产品使用和物流的透明度，确定结构性废物发生的关键领域以及确定可行的长期解决方案。

——陆雄文. 管理学大辞典 [M]. 上海：上海辞书出版社，2013.

城市活动行为模式转变

就业：新兴行业，远程办公，独立个体执业，AI协同……
居住：智能家居，虚拟场景，居家办公，居家养老……
交通：无人驾驶，共享出行……
娱乐：线上线下融合，人机交互互动……
服务：无接触配送，智慧社区邻里中心，线上平台运行……

城市空间模式转变

用地：混合功能，弹性，精细化治理……
基础设施：全感知，AI自动化，数字孪生……
社区：城市更新，开放社区，生活圈，适老化……
区域：城市群，都市圈……
绿色：低碳绿色，花园城市，智慧检测，绿色出行……

4.1 信息社会催生新型的城市空间定义

现代城市源于工业革命的技术发展[3]，市场经济运行模式与生产生活方式颠覆了人类数千年农耕文明的城市组织运行方式。工业化与城市化主导了现代城市的运行规律与空间模式，现代城市规划与城市设计学科应运而生，使城市空间适应工业化社会的经济关系和社会秩序。而当前，随着信息技术的产生与发展，新的社会经济模式及城市格局正在形成。

从生产模式的变革来看，信息化发展通过消除空间距离提高了生产和运行效率，新的产业特征催生了一种新的空间分布逻辑，城市群与城市离心化共存；并且这种特殊的空间分布逻辑关系到区域内以及国际的劳动分工，影响到世界经济并最终影响到世界本身[4]。城市的数字化与虚拟化，使得城市职能从工业制造中心、商业贸易中心逐步转为信息流通中心、信息管理中心和信息服务中心[5]。信息时代的技术革命已经迫使全球经济模式转型，创新经济成为新兴的时代力量，推动城市新极核的诞生，而城市与城市之间则逐步形成以城市群和都市群为主体的空间发展模式。

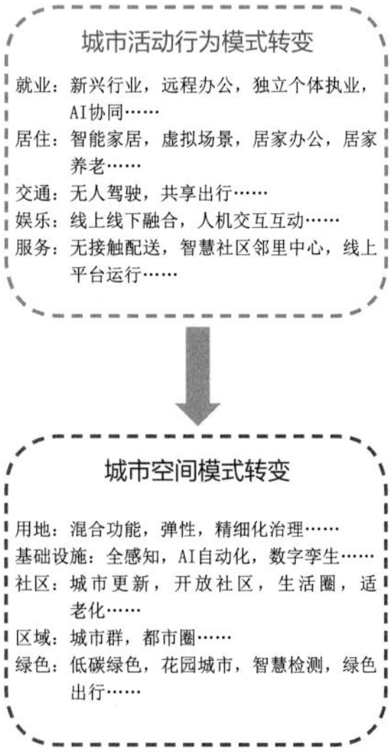

社会发展呈现出迅速普及的信息技术网络化特点，形成一种多层面、多维度的演绎过程[3]。在这个过程中，许多城市突破了原有的物理空间，向郊区拓展，原有城市空间向外扩散，城市功能被稀释。同时，由信息网络构成的流动空间正在逐渐取代传统的、稳定的城市空间，虚拟空间与现实空间之间的界限也越来越模糊。随着信息化城市的建立，人际关系更加疏远，城市公共空间的概念被赋予新的意义，城市发展越来越依赖生活方式与全球经济的连接程度，这昭示着城市自身发展质量的重要性。

从个体角度来看，在数字时代，数字工具、数字服务、数字界面越来越多地参与到城市居民的日常生活中，既提高了居民个人在社会组织中的自由度，又构筑了虚拟的人居环境。信息化不仅带来了高生产力，也产生了弹性化的工作与不稳定的生产关系。网络社会的兴起促进了劳动个人化趋势的发展，深刻改变了人与人之间的交流和交往方式，进而影响到社会关系和社会结构形态，最终产生新的生活空间使用、运行与交互方式。

4.2 大数据的支持与利用

物联网技术克服了信息自动采集、获取和传输的障碍，奠定了城市数字化、智慧化建设的基础；云计算技术解决了信息高效处理方面的问题；优质、高效、泛在的 5G 服务。解决了信息大批量高速传输的问题；系统集成技术有效集成了计算机硬件、软件、操作系统、数据库、网络通信以及业务应用系统，从而为在大综合、大集成、大平台上多专业、多部门共享协作提供了可能。科技创新与数字基础建设为城市数字化转型提供了强劲驱动力，正逐步改变着城市设计、管理和运营的模式。

4.2.1 突破传统数据的局限

自从盖迪斯提出“调查－分析－规划”的标准程序以来，城市规划与设计工作就离不开大量基础数据的支撑，而传统数据搜集困难且数据存在局限性。通过现场调研获得的数据（包括统计数据、调查数据、遥感测绘数据、知识数据、规划成果数据、业务数据）往往搜集过程费时费力、更新速度慢且覆盖面不足，这不仅影响工作效率，更严重制约和干扰设计工作的准确性。面对庞大复杂的城市结构体，没有充分的设计依据和充足的数据量支持，难以给出准确的预测和结论，很多时候只能依赖团队经验与权威判断来选择方案和编制技术措施。

但值得庆幸的是，随着信息技术的发展，通过数字技术捕捉到的城市各类型数据庞大而丰富，可以即时汇入数据库。这些数据在经过计算、分析、决策之后，可以可视化的方式呈现给设计师。这种动态数据相较于规划行业使用的常规传统数据，其优势在于来源多样、样本量大、更新收集速度快，能够抓取人口行为，辅助城市设计人员做出决策，形成及时、循证、定量和以人为本的设计方案。此外，动态数据的收集和分析能够深度剖析城市系统的复杂性，帮助规划人员评估城市决策的连锁效应。人类首次有了从“上苍的视点”俯瞰城市活动的可能，具备了全面客观地了解城市的基本条件[6]。

新技术创造了全面化、动态化、精细化的数据的爆发式增量，保证了基础依据的可靠性与准确性，而详细丰富的数据资源也为城市设计参数化提供

社会学家曼纽尔·卡斯特（Manuel Castells）对信息社会的研究具有杰出的贡献。著作有《网络社会的崛起》（*The Rise of the Network Society*）、《认同的力量》（*The Power of Identity*）、《千年终结》（*End of Millennium*）等。他将城市的信息化视为一种复杂的社会转变，这种转变同时又涉及作为社会制度的资本主义，作为发展模式的信息化，以及作为一种有力工具的信息技术，他认为正是这种复杂的社会、经济与技术三者的组合模式正在改变着社会、城市和区域。书中通过分析城市空间变化的类型和发展过程阐述了信息化城市的工作原理和空间表达。

——童明. 信息技术时代的城市社会与空间 [J]. 城市规划学刊, 2008(5): 22-33.

传统数据。通过政府部门或研究机构统计调查等获取的数据，包括统计数据、调查数据、遥感测绘数据、知识数据、规划成果数据、业务数据。

城市动态数据。由传感器和其他数字化设备中自动采集的信息、描绘城市运动的数据，既是活动的记录，也是信息的互动。

了可能。通过对影响设计结果不同变量因子的分析研究与权重比对，将相关参数化算法的权重进行叠加，形成缜密的逻辑推演，可以得到更为有效的判断和结论，辅助设计师进行方案比选。总的来说，大数据的应用和支持使设计依据从定性向定量转变，有利于生成更加缜密的设计逻辑，协助设计工作得出更为客观的结论，相较于权威判断与创意想象的设计更加具备可靠性与实践性[6]。

4.2.2 数字化的主要运用领域与运用方式

关于数字化城市设计的技术应用类型，东南大学杨俊宴教授指出，按照工作流程，数字化城市设计技术应用可以分为基础性工作、核心性工作和实施性工作。其中，基础性工作包括数字化采集、数字化调研、数字化集成；核心性工作包括数字化分析、数字化设计、数字化表达；实施性工作包括数字化报建、数字化管理、数字化监测。在城市设计的全过程进行数字化提升，实现了数字化技术对于城市设计全过程的整体覆盖[7]。

数字化城市设计主要依赖地理信息系统（geographic information system，GIS）、建筑信息模型（building information modelling，BIM）构成的城市信息模型（city information modeling，CIM），以及作为动态数据的城市信息模型（activity information modelling，AIM）。

AIM是CIM在物理空间数字模型的基础上叠加的城市动态数据模型，能够辨认行为或环境质量跟物理空间特质的关系。AIM对人口活动的模拟不仅记录人群的行为特征，还涵盖机构、企业的行为模式。

通过GIS和BIM协同，城市设计工作者可以全维度地掌握地形地貌、生态斑块、水文格局、视线廊道、视觉焦点、人文景观标识、空间节点与节奏、街道尺度、界面密度、贴线率、天际线曲折度、街道网络密度等一系列物理空间数字模型信息。例如，在城市总体城市设计中，基于遥感图像处理平台（Environment for Visualizing Images，ENVI）和GIS，利用遥感影像技术搜集数据，动态识别植被覆盖率变化，宏观识别全域内的重要水系与重要山体等生态基底，判断要修复与联通的廊道、斑块、基质等要素，打造山水相连、生态宜人、开放舒适的生态系统；同时，使这些廊道串联起乡村聚落、历史文脉、大地景观等重要斑块，加强历史文化遗产的保护与利用，构建起视线景观系统和城市历史文化骨架。又如，通过风力场中的计算流体力学（computational fluid dynamics，CFD）模型，模拟识别区域风场、瞬时热力场格局等，为规划设计预留通风廊道，以改善地区局部微气候，为城镇提供舒适的风环境[8]。

而AIM更能体现人口的动态行为活动与小部分群体的特征，便于进一步挖掘城市信息与时空特征之间的关联规律。如在城市局部设计中，通过多元化的数据，捕捉市民的活动与偏好，识别活力街区和重要公共空间，并将其串联成系统性的公共空间网络，为居民营造通畅、舒适、便捷、生态化的公共空间。

数字化技术手段还可以实现对实际人群需求的量化分析，为修正根据经验的规划方法提供依据。当前热门的眼动追踪技术更是将这种精细化分析发挥到了极致。借助眼动仪器与相关软件，可以监测、记录观察者在特定场景中的眼动轨迹，捕捉人在场景认知中的兴趣面，分析其视觉偏好，从而对场景的可读性及其意义进行评价。

4.2.3 数字化带来城市设计思维的提升

首先，技术层面的拓展创新带来了城市设计工作效率和内容的提升，而数字技术介入带来的城市设计整体方法论的变化更为深刻而颠覆。信息技术的全流程介入，实现了城市设计的信息标准化与共享化，使得城市设计的全流程可评价、可分解、可量化。数字技术的全面融入，可以打破各种尺度空间的信息壁垒，保证在统一的数字化平台上实现全尺度设计，这既提高了设计效率，又提供了多维度的价值评价标准。通过技术手段和数据共享，可以实现多学科交叉互融，不局限于规划、建筑、景观等学科的互通，还可借用社会学、心理学、生态学等学科的逻辑体系与研究方法提升城市设计的广度与深度[7]。

其次，数字经济时代，大数据、人工智能技术帮助城市产生更多数据链接，使海量数据的实时汇聚和计算成为可能。有别于以往依据规范和依赖经验的工作方式，数字化城市设计是以最终空间运营结果为导向，通过梳理使用群体的真实需求，反推出所需要的数据与设计方法，即按照“人群需求测算与判断-现状或模拟数据分析-合理分配资源”的逻辑进行推导，而非纯粹应用高度概括的规划原理和规范（如千人指标等）。以当下常用的城市热力图为例，它产生的道路拥挤度分析既是城市运营中实时交通管理的工具，也是未来道路规划和城市更新的设计基础[6]。

再次，传统的城市设计具有静态特点，设计完成后具有一定的稳定性，但由于行政审批和技术的耗时，这样的设计相对于城市的瞬息万变较为滞后。而数字化城市设计实施的监督管理过程建立在动态数据搜集和分析的基础上，可以通过实时数据进行监督和反馈，建立分析、预警机制，及时辨认超出预期范围、突破设计限制或已经无法满足新需求的规划条件和设计现状，并进行比较和研判，甚至可以进行即时修正和调节。城市设计工作将以与数据系统联动的模式运作。

最后，全球数据爆炸式增长，大数据时代已经到来。头部科技企业纷纷凭借数据资源的优势参与到城市发展建设中。微软、IBM、ESRI等美国企业占据了智慧城市建设的大量市场份额，腾讯发布了WeCity 2.0（未来城市 2.0）；阿里巴巴打造阿里云ET城市大脑；百度设计了“1+2+1”智慧城市解决方案；华为推出了智慧城市全栈式解决方案；科大讯飞开发了“城市超脑”平台；万科与微软亦在合作建设未来城市实验室，重点探索城市形态、居住区形态，融入TOD、灵活空间组合、自然与建筑共生、智慧生活等理念，并在南京、杭州、青岛的未来城项目中落实。同时，城市设计工作者也应该有所警觉和担忧，是由设计领导技术的应用，还是由技术反推设计理念的革新——这将是一个时代的课题。

4.3 重新赋意的场所精神与美学体验

在数字技术介入城市设计的过程中，不仅要关注科技创新和信息化带来的城市运行模式的转变以及技术拓展带来的城市设计工作效率和内容的提升，还要关注人类情感和体验变化带来的对城市空间环境的新需求。

4.3.1 设计仍然需要关注人的情感需求

交通越来越快，房子越建越高，时间越来越紧。现代城市的物化程度越高，我们越关注城市的效率和形象，却忽略了生活在城市里的主体——人的需求。

虽然网络丰富了人际交流形式，减少了一些不必要的面对面交流，但人与人之间实际的交流沟通是人的基本心理需求，甚至影响人的心理健康。而通过大数据采集和统计得到的绝大多数城市居民的意愿也印证了这个结论：城市网络的普及并不代表人们不再需要交流和活动的公共场所，事实上，人们比以往更加需要丰富多彩、形式多样、具有吸引力的公共空间。

网络购物在过去十多年间的爆发冲击了传统商业模式，颠覆了传统商业中心的地位。然而，在网络购物如此兴盛的当前，商业中心不但没有如预计渐趋衰落，反而呈现出强烈复兴的趋势，这恰恰证明了现代商业中心复合型的功能以及公共文化娱乐功能的植入，满足了人们休闲娱乐的需求，提升了空间的吸引力。

网络数据共享与数字协同技术使得远程办公成为可能，居家办公保证了工作的不间断，但还远未达到对传统办公空间形成巨大冲击的地步。这种现象启发我们重新思考，技术的成熟并不代表虚拟空间可替代现实空间，人首先是一种情感动物，网络时代使得一切皆有可能，但人对物理空间设计的情感需求仍然不容忽视。

4.3.2 数字化影响新时代的美学观念

首先，随着信息技术的发展与城市信息化水平的提高，全球化与多元化程度进一步加深，新时代美学观念的呈现正在脱离传统媒介（如纸张、印刷、电影、电视），而虚拟现实、增强现实、在线直播等新媒介正大量涌入人们的生活。这些技术可以让人们更加深入地体验和理解美学作品，同时也带来了新的美学体验方式，引发思想上的触动。城市的美学观念亦开始产生剧烈的变革，有的学者将之区别于古典建筑美学和现代、后现代建筑美学，将其定义为信息建筑美学。信息建筑美学重视的是符号在信息传导中的审美作用和价值，关注建筑及其环境的审美信息交流与反馈的规律，致力于研究数字化技术影响下建筑和城市空间观念以及空间结构所发生的种种变化，探索社会审美文化和人们审美意识的演进与发展[9]。

其次，数字化还带来了城市意象的变化。在传统的城市意象理论中，人们将目光聚焦在环境感知和场所构建上，强调观察人们的真实行为，把握空间的相对尺度，探索自我物理的边界，突出空间要素的可识别性和引导性；而在数字时代，城市空间感知的终端发生了颠覆性的变化，真实世界和虚拟世界的边界不断被模糊，人的感知和情感生成是多向、多维度的。城市大脑、数字孪生、虚拟社区、虚拟城市接连出现，我们会发现城市意象不再局限于物质空间的营造，还体现在虚拟空间中对技术、服务、交流与体验的支持作用。在行为个体感知数字化城市的同时，城市认知地图因虚拟体验而使得空间范畴得到拓展，并且在相当程度上增强了空间要素的独特性和多元性[2]。

总之，在信息化与数字化的社会发展背景下，城市设计需要以新空间为载体，城市设计工作者应正视新兴技术飞跃带来的人类文明发展与变革，运用新的理念和技术手段，培育社会发展的新动能，打造城市进步的新体验。

同时，我们还要看到，纵然城市信息丰富，但信息来源的多元化导致数据接口和数据格式存在差异。一方面，需要建立准入与监管机制来保障数据的准确性，也迫切需要将多源大数据整合于统一规范的平台，进而协同分析城市发展规律；另一方面，各类空间相关的基础信息都存在于异构的多源数据系统中，且具有多时态、多坐标、多量纲和多格式等特征[7]。对于城市设计工作者而言，数据协同和深度挖掘是一项艰巨的挑战，也是未来需要不断努力的方向。

参考文献

[1] 欧阳日辉."十四五"时期中国发展数字经济的重点和策略 [J]. 新经济导刊, 2021(1): 10-14.

[2] 李昊, 赵晓静, 杨昭洁. 面向未来的智慧城市空间设计与营建 [J]. 上海城市管理, 2022, 31(4): 52-60.

[3] 童明. 信息技术时代的城市社会与空间 [J]. 城市规划学刊, 2008(5): 22-33.

[4] 甄峰. 信息技术作用影响下的区域空间重构及发展模式研究 [D]. 南京: 东南大学, 2001.

[5] 付小为. 第三次工业革命孕育明日之城 [N]. 长江日报, 2013-11-28(T06).

[6] 奥雅纳, 阿里云智能研究中心.《动态数据增强未来城市设计倡议》白皮书 [EB/OL]. (2020-09-17) [2023-05-01]. https://www.arup.com/zh-cn/perspectives/publications/research/section/empowering-urban-design-and-planning-with-dynamic-data.

[7] 杨俊宴. 全数字化城市设计的理论范式探索 [J]. 国际城市规划, 2018, 33(1): 7-21.

[8] 付凡, 李飞翔. 国土空间视角下总体城市设计技术方法探讨 [C]// 面向高质量发展的空间治理——2021 中国城市规划年会论文集(07 城市设计). 北京: 中国建筑工业出版社, 2021.

[9] 曾坚, 蔡良娃. 信息建筑美学的哲学内涵与理论拓展 [J]. 城市建筑, 2005(2): 4-7.

结 语
EPILOGUE

如亚历克斯·克里格所言，我们姑且可以认为城市设计是一种“思维模式”（frame of mind）：城市设计不仅是一门不断成熟的专业学科，更是一系列以提高城市生活环境、改善城市运行模式、加强城市可持续性为目标的思想与行动的总和。

我们积累了长期城市设计工作实践中遇到的问题、面临的困难、引起的思考以及应对的技术与设计手法，总结形成了这部内容还不那么完善、理论也不十分成熟的城市设计著作。希望此书能为城市设计工作提供另一种思考的角度，拓展设计的维度。在此鸣谢为本书出版提供帮助的浙江大学建筑设计研究院有限公司各位同仁，特别是徐颖、李利、陈思思、廖志超、周生龙、黄瑞闯、关欣、黄杉、陈文江、石宇、于建伟、舒渊、周小龙等战斗在一线的城市设计工作者，他们不仅提供了丰富精彩的设计案例，还在本书写作过程中提出了相当有意义的思考与建议。思想的碰撞往往最为精彩且回味无穷，同时也让本书的写作过程不再枯燥和艰涩，实为幸事！